中华烹饪古籍经典藏书

浪迹丛谈四种（饮食部分）

中馈录

［清］ 曾　懿　撰
梁章钜

中国商业出版社

图书在版编目（ＣＩＰ）数据

中馈录 : 饮食部分 / （清）曾懿撰 . 浪迹丛谈四种 :
饮食部分 / （清）梁章钜撰 .-- 北京 : 中国商业出版社，
2022. 10

ISBN 978-7-5208-2230-5

Ⅰ . ①中… ②浪… Ⅱ . ①曾… ②梁… Ⅲ . ①饮食—
文化—中国—古代 Ⅳ . ① TS971.22

中国版本图书馆 CIP 数据核字（2022）第 175073 号

责任编辑：郑　静

中国商业出版社出版发行

（www.zgsycb.com 100053 北京广安门内报国寺 1 号）

总编室：010-63180647　编辑室：010-83118925

发行部：010-83120835/8286

新华书店经销

唐山嘉德印刷有限公司印刷

*

710 毫米 × 1000 毫米　16 开　7 印张　60 千字

2022 年 10 月第 1 版　2022 年 10 月第 1 次印刷

定价：49.00 元

****

（如有印装质量问题可更换）

中华烹饪古籍经典藏书
指导委员会
（排名不分先后）

中华烹饪古籍经典藏书
编辑委员会
（排名不分先后）

主　任

刘毕林

常务副主任

刘万庆

副主任

王者嵩　余梅胜　沈　巍　李　斌　孙玉成　滕　耘

陈　庆　朱永松　李　冬　刘义春　麻剑平　王万友

孙华盛　林风和　陈江凤　孙正林　杜　辉　关　鑫

褚宏辚　朱　力　张可心　夏金龙　刘　晨

委 员

林百浚	闫 囡	杨英勋	尹亲林	彭正康	兰明路
胡 洁	孟连军	马震建	熊望斌	王云璋	梁永军
唐 松	于德江	陈 明	张陆占	张 文	王少刚
杨朝辉	赵家旺	史国旗	向正林	王国政	陈 光
邓振鸿	刘 星	邸春生	谭学文	王 程	李 宇
李金辉	范玖炘	孙 磊	高 明	刘 龙	吕振宁
孔德龙	吴 疆	张 虎	牛楚轩	寇卫华	刘彧弢
王 位	吴 超	侯 涛	赵海军	刘晓燕	孟凡字
佟 彤	皮玉明	高 岩	毕 龙	任 刚	林 清
刘忠丽	刘洪生	赵 林	曹 勇	田张鹏	阴 彬
马东宏	张富岩	王利民	寇卫忠	王月强	俞晓华
张 慧	刘清海	李欣新	王东杰	渠永涛	蔡元斌
刘业福	王德朋	王中伟	王延龙	孙家涛	郭 杰
张万忠	种 俊	李晓明	金成稳	马 睿	乔 博

《中馈录·浪迹丛谈四种（饮食部分）》
工作团队

统　筹

刘万庆

注　释

陈光新　周止礼　刘　晨　张可心　夏金龙

译　文

周止礼　刘　晨　张可心　夏金龙

编　务

曾纵野　成桂春　辛　鑫

中国烹饪古籍丛刊
出版说明

国务院一九八一年十二月十日发出的《关于恢复古籍整理出版规划小组的通知》中指出：古籍整理出版工作"对中华民族文化的继承和发扬，对青年进行传统文化教育，有极大的重要性"。根据这一精神，我们着手整理出版这部丛刊。

我国的烹饪技术，是一份至为珍贵的文化遗产。历代古籍中有大量饮食烹饪方面的著述，春秋战国以来，有名的食单、食谱、食经、食疗经方、饮食史录、饮食掌故等著述不下百种，散见于各种丛书、类书及名家诗文集的材料，更是不胜枚举。为此，发掘、整理、取其精华，运用现代科学加以总结提高，使之更好地为人民生活服务，是很有意义的。

为了方便读者阅读，我们对原书加了一些注释，并把部分文言文译成现代汉语。这些古籍难免杂有不符合现代科学的东西，但是为尽量保持其原貌原意，译注时基本上未加改动；有的地方作了必要的说明。希望读者本着"取其精华，去其糟粕"的精神用以参考。

编者水平有限，错误之处，请读者随时指正，以便修订和完善。

中国商业出版社

1982 年 3 月

出版说明

20世纪80年代初，我社根据国务院《关于恢复古籍整理出版规划小组的通知》精神，组织了当时全国优秀的专家学者，整理出版了"中国烹饪古籍丛刊"。这一丛刊出版工作陆续进行了12年，先后整理、出版了36册。这一丛刊的出版发行奠定了我社中华烹饪古籍出版工作的基础，为烹饪古籍出版解决了工作思路、选题范围、内容标准等一系列根本问题。但是囿于当时条件所限，从纸张、版式、体例上都有很大的改善余地。

党的十九大明确提出："深入挖掘中华优秀传统文化蕴含的思想观念、人文精神、道德规范，结合时代要求继承创新，让中华文化展现出永久魅力和时代风采。"做好古籍出版工作，把我国宝贵的文化遗产保护好、传承好、发展好，对赓续中华文脉、弘扬民族精神、增强国家文化软实力、建设社会主义文化强国具有重要意义。中华烹饪文化作为中华优秀传统文化的重要组成部分必须大力加以弘扬和发展。我社作为文化的传播者，坚决响应党和国家的号召，以传播中华烹饪传统文化为己任，高举起文化自信的大旗。因此，我社经过慎重研究，重新系统、全面地梳理中华烹饪古籍，将已经发现的 150 余种烹饪古籍分 40 册予以出版，即这套全新的"中华烹饪古籍经典藏书"。

此套丛书在前版基础上有所创新，版式设计、编排体例更便于各类读者阅读使用，除根据前版重新完善了标点、注释之外，补齐了白话翻译。对古籍中与烹饪文化关系不十分紧密或可作为另一专业研究的内容，例如制酒、饮茶、药方等进行了调整。由于年代久远，古籍中难免有一些不符合现代饮食科学的内容和包含有现行法律法规所保护的禁止食用的动植物等食材，为最大限度地保持古籍原貌，我们未做改动，希望读者在阅读过程中能够"取其精华、去其糟粕"，加以辨别、区分。

我国的烹饪技术，是一份至为珍贵的文化遗产。历代古籍中留下大量有关饮食、烹饪方面的著述，春秋战国以来，有名的食单、食谱、食经、食疗经方、饮食史录、饮食掌故等著述屡不绝书，散见于诗文之中的材料更是不胜枚举。由于编者水平所限，书中难免有错讹之处，欢迎大家批评指正，以便我们在今后的出版工作中加以修订和完善。

中国商业出版社

2022 年 8 月

本书简介

本书是由《中馈录》《浪迹丛谈》四种等合编而成。

一、《中馈录》

《中馈录》是清代一本介绍食品加工方法的书。

作者曾懿，女，字伯渊，又字朗秋。四川华阳县人。生卒年月不详，大约生活在道光至光绪年间。《清史稿》有传，其父曾咏，道光二十四年（公元1844年）进士，做过江西吉安府知府。母，左锡善，江苏湖阳人，知书能文。曾懿的丈夫袁学昌，光绪五年（公元1879年）举人。做过安徽全椒县知县，湖南提法使（即按察使）。

曾懿随父亲和丈夫到过江南不少地方，她不仅了解民间一些烹调方法，而且也有主持家中饮食事宜的实践经验。本书介绍的一些食品制作方法，大多简便易行，也有一定的科学道理，至今仍为人们所采用。由于相沿时日较远，今人制作，所用方法或有与本书介绍不尽相合处。如能与原作比较，加以研究，或许于继承传统、保持正味以及进一步改进会有帮助。

作者除著有《中馈录》外，还著有《女学篇》九章、《医学篇》两卷、《古欢室诗集》三卷、《词集》一卷。光绪三十三年（公元1907年）其子袁励准将五种合集为《古欢室全集》刊印行世。现在这个本子就是根据该版本标点、注释、译文的。

本书注译稿曾经曾纵野、成桂春同志审校。

二、《浪迹丛谈》四种

梁章钜（公元1775—1849年），清代文学家。字闳中，一字苣林，晚号退庵，福建长乐人。乾隆举人，嘉庆进士，官至江苏巡抚兼两江总督。梁氏总览群书，熟于掌故，喜作笔记小说，也能诗。著作有《文选旁证》《制义丛话》《称谓录》《藤花吟馆诗钞》《浪迹丛谈》《归田琐记》等75种。

《浪迹丛谈》四种是从其四部笔记《浪迹丛谈》《浪迹续谈》《浪迹三谈》《归田琐记》中选出与饮食烹饪有关的内容，加以标点、注释辑成。梁氏一生宦游经历甚广，交际亦多，饮宴是社交应酬上不可少的方式，加上他自己"好为豪饮""好讲精馔"，又注意养生，因此在笔记中记录了有关见闻。这些资料对研究我国清代饮馔史有参考价值。

　　《浪迹丛谈》四种是根据《浪迹丛谈》清道光丁未年亦东园藏版、《归田琐记》清同治五年连元阁藏版、《浪迹续谈·三谈》中华书局铅字排印本注释、翻译的。

中国商业出版社

2022年6月

目 录

中馈录

浪迹从谈四种

中 馈 录

〔清〕曾　懿　撰

陈光新　注释

刘　晨

陈光新　　译文

张可心

夏金龙

中馈① 总论

　　昔，蘋藻②咏於《国风》③，羹汤调於新妇④。古之贤媛淑女⑤，无有不娴⑥於中馈者。故女子宜练习轮于归⑦之先也。兹将应习食物制造各法笔⑧之於书，庶⑨使学者有所依归，转相效傲，实行中馈之职务。《乡党》⑩记孔子饮食之事：不厌精细⑪；且於沽酒市脯⑫屏⑬之不食。其有合於此义乎？亦节用卫生⑭之一助也！

　　【译】从前，《诗经》里有的诗就咏颂过关于妇女们

---

① 中馈（kuì）：这里指妇女在家主持饮食的事。

② 蘋（pín）藻：蘋，指大萍。藻，指水藻。在古代这两者曾用来食用和做祭品。

③ 《国风》：《诗经》中的一个组成部分。其中《采蘋》一首是说妇女们为祭祀而采蘋的事。

④ 新妇：指新媳妇。古代习俗，新婚后第三天，新媳妇要下厨亲手做羹汤。唐代王建《新嫁娘词》："三日入厨下，洗手作羹汤。未谙姑食性，先遣小姑尝。"

⑤ 贤媛淑女：性情温顺、知事明理的姑娘。

⑥ 娴：这里是熟练的意思。

⑦ 于归：旧时称女子出嫁为"于归"。

⑧ 笔：这里是书写、记载的意思。

⑨ 庶：希望。

⑩ 《乡党》：《论语》中第十章的篇名。《论语》是孔子弟子及其再传弟子记录孔子言行的一部语录体的书，为儒家经典著作之一。

⑪ 不厌精细：食品越精越好。《论语·乡党》云："食不厌精，脍不厌细。"

⑫ 沽（gū）酒市脯（fǔ）：从市场上买回的酒和熟肉。《论语》："沽酒市脯不食。"

⑬ 屏：弃。

⑭ 卫生：养生。

采摘蘋藻做祭品的事。后来，也有诗歌咏颂新媳妇下厨烹制羹汤的事。古代美丽能干的妇女，没有不精通烹调的。所以姑娘在出嫁之前就应下功夫练习烹调技术。现在，我把主妇们应当学会的各种制作食品的方法写在这本小册子上，以便使初学的人有所依据，传授效仿，切实担负起主持家庭饮食的任务。《论语·乡党》中记述了孔子关于饮食方面的一些事，说他"食不厌精，脍不厌细"，并且不吃从市场上买回的酒和熟肉。这本书合乎孔子的这些意思吧！它对如何节约开支、保养身体也会有一些帮助。

制宣威^①火腿法

猪腿选皮薄肉嫩者，剜^②成九斤或十斤之谱^③。权^④之每十斤用炒盐^⑤六两、花椒二钱、白糖一两。或多或少，照此加减^⑥。先将盐碾细，加花椒炒热；用竹针多刺厚肉，上盐味即可渍^⑦入。先用硝水^⑧擦之，再用白糖擦之，再用炒热之

---

① 宣威：地名。今云南省宣威县。宣威火腿俗称"云腿"。

② 剜（wān）：这里是切割的意思。

③ 谱：表示约数，相当于"左右"。

④ 权：用秤称。

⑤ 炒盐：炒熟的粗盐粒。

⑥ 或多或少，照此加减：根据火腿的多少，参照这个比例增减配料。

⑦ 渍：浸、渗。

⑧ 硝水：芒硝（硫酸钠水合物）的溶液。

花椒盐擦之。通身擦匀，尽力揉之，使肉软如棉。将肉放缸内，余盐洒在厚肉上。七日翻一次，十四日翻两次，即用石板压紧，仍数日一翻。大约腌肉在冬至时，立春后始能起卤①。出缸悬於有风日处，以阴干为度②。

【译】猪腿要选用皮薄肉嫩的，切成九至十斤左右。用秤称，每十斤肉用六两炒熟的粗盐、两钱花椒、一两白糖。根据火腿的多少，参照这个比例增减配料。先将盐碾细，并加入花椒炒熟；用竹签不断地扎剌肉厚的地方，让盐味充分渗入肉中。先用硝水擦拭火腿；再用白糖擦拭；再用炒熟的花椒盐擦拭火腿。要将整个火腿擦匀，并用力地揉搓，使火腿肉软如棉。将肉放入缸内，并把剩下的盐撒在肉厚的地方。七天后将肉翻一次面，十四天后翻第二次，随即将肉用石板压紧，依旧数日翻一次。如果在冬至的时候腌肉，立春过后，就可以将肉从卤汁中取出来，悬挂在通风的地方，让肉阴干为好。

---

① 起卤：从卤汁中取出。

② 度：限度，适度。

藏火腿^①法

火腿阴干现红色后，即用稻草绒^②将腿包裹，外以火麻^③密缠，再用净黄土略加细麻丝和融^④糊上，草与麻丝毫不露。泥干后如有裂处，又用湿泥补之，须抹至极光。风干后，收于房内高架上，无须^⑤风吹日晒。俟^⑥食时连草带泥切下；另用麻油涂纸封其口。虽经岁^⑦肉色如新。此真收藏之妙法也。

【译】火腿阴干呈现红色后，就用细柔的稻草将火腿包裹住，外面用麻绳密密地缠绕，再用干净黄土略加细麻丝搅拌成糊涂抹在火腿上，草与麻丝丝毫不能露出来。泥干以后如果有破裂的地方，再用湿泥补上，必须涂抹得非常光亮。火腿风干后，收藏在房内的高架上，不用风吹日晒。等到吃的时候，连草带泥一并切下；另用麻油涂纸密封住切口。即使经过一年，肉的颜色也像新的一样。这真是收藏火腿的好方法。

---

① 腿：疑是"骽（tuǐ）"字的误写，骽，古同"腿"。

② 稻草绒：细柔的稻草。

③ 火麻：大麻。茎皮纤维长而坚韧，可纺线、织布、编网、造纸。

④ 和融：搅拌均匀，使融合在一起。

⑤ 无须：不要。

⑥ 俟（sì）：等待。

⑦ 经岁：一年。

制香肠法 ①

用半肥瘦肉十斤、小肠半斤。将肉切成围棋子大；加炒盐三两、酱油三两、酒二两、白糖一两、硝水一酒杯、花椒小茴②各一钱五分，大茴③一钱共炒④，研细末；葱三四根，切碎和拌肉内。每肉一斤可装五节，十斤则装五十节。

【译】用十斤半肥的瘦肉、半斤小肠。将肉切成围棋子一样大小；加入三两炒盐、三两酱油、二两白酒、一两白糖、一酒杯硝水、花椒和小茴各一钱五分、一钱大茴，将以上作料放在一起炒，炒好后研成细末；将三四根葱切碎后，加入拌肉内（切好的肉与炒好的作料搅拌）。每一斤肉可装五节（香肠分节），十斤可以装五十节。

---

① 本节仅介绍了香肠的配料，没有谈及填灌的方法。灌香肠时，配料和肉拌好后应放置数小时，使调味品渗入肉中；肠衣还须先用温水浸泡，使之绵软；香肠灌好后要用针在四周刺孔，让空气和水分排出；最后应在阳光下暴晒两天，再挂在通风处晾干。

② 小茴：俗称"茴香"，多年生宿根草本植物，籽实芳香强烈，常作香料入馔，也可入药。

③ 大茴：俗称"八角茴香"，属木兰科，籽实的功用与小茴相同。

④ 共炒：几种作料放在一起炒。

制肉松法①

法②以豚肩③上肉，瘦多肥少者，切成长方块。加好酱油、绍酒④，红烧至烂。加白糖收卤⑤，再将肥肉捡去。略加水，再用小火熬至极烂极化，卤汁全收入肉内。用箸扰融⑥成丝，旋搅旋熬⑦。迨⑧收至极干至无卤时，再分成数锅，用文火⑨以锅铲揉炒⑩，泥散成丝。焙⑪至干脆如皮丝烟⑫形式，则得之矣。

【译】制作（肉松的）方法：选用猪身和腿相连部位的肉，要用瘦多肥少的肉，切成长方块。加入好的酱油、绍兴酒，将肉红烧至软烂。加入白糖收汁，再将肥肉拣出去。加入少许水，再用小火熬至非常软烂，卤汁全部被肉吸收。用筷子

① 本节对肉松的制作写得比较详细，除此而外，还须注意三点：一是，切肉之前，应将筋丝和衣膜去掉，防止肉丝粘连；二是，配料中可加进少许葱、姜、香料，使之芳香；三是，揉炒和焙干时应先用油滑锅，防止枯焦。

② 法：制作方法。

③ 豚肩：猪身和腿相连的部位。

④ 绍酒：绍兴酒，是一种黄酒。

⑤ 收卤：使汁变稠。

⑥ 用箸扰融：用筷子搅动，使肉松散。

⑦ 旋搅旋熬：一边搅，一边熬。旋，在这里是"随"的意思。

⑧ 迨（dài）：等到。

⑨ 文火：小火。烹饪行业用语。

⑩ 揉炒：边揉边炒。

⑪ 焙（bèi）：用微火慢慢烘烤。

⑫ 皮丝烟：刨得极细的水烟丝。

搅动，使肉松散后成为肉丝，一边搅，一边熬。等到肉丝收
至非常干且没有卤汁的时候，再分成数锅，调小火用锅铲边
揉边炒，全部分散成肉丝。再用微火慢慢烘烤至干脆得像刨
得极细的水烟丝一样，肉松就做好了。

制鱼松法

　　大鳜鱼①最佳，大青鱼次之。将鱼去鳞，除杂碎②，洗
净，用大盘放蒸笼内蒸熟。去头、尾、皮、骨、细刺，取净
肉。先用小磨麻油③炼熟，投以鱼肉炒之；再加盐以绍酒焙
干后，加极细甜酱瓜丝，甜酱姜丝。和匀后，再分为数锅，
文火揉炒成丝。火大则枯焦，成细末矣。

　　【译】选用大鳜鱼最好，大青鱼次之。将鱼去鳞，除内
脏和鳃，洗净，用大盘放蒸笼内蒸熟。去头、尾、皮、骨、
细刺，取净肉。先把小磨芝麻油炼熟，将鱼肉下锅炒制；再
加入盐和绍酒焙干，然后加入切得极细的甜酱瓜丝、甜酱姜丝。
一并调和均匀后，再分为数锅，用小火边揉边炒，将鱼肉炒
制成丝。火太大鱼肉就容易干枯、焦煳，成碎末状了。

---

① 鳜鱼：又叫鳖花鱼，肉食性，有鳞鱼类，属于分类学中的脂科鱼类。鳜鱼身体侧
扁，背部隆起，身体较厚，尖头。它是我国"四大淡水名鱼"中的一种。鳜鱼肉质
细嫩，刺少而肉多，其肉呈瓣状，味道鲜美，为鱼中之佳品。

② 杂碎：内脏和鳃等物。

③ 小磨麻油：用小磨加工的优质芝麻油。

制五香^①熏鱼法

法以青鱼或草鱼脂肪多者，将鱼去鳞及杂碎，洗净，横切四分厚片。晾干水气，以花椒及炒细白盐及白糖逐块模擦^②，腌半日即去^③其卤，再加绍酒、酱油浸之，时时翻动。过一日夜，晒半干，用麻油煎好捞起。将花椒、大小茴炒研细末掺上，安在细铁丝罩上。炭炉内用茶叶、米少许，烧烟熏之，不必过度。微有烟香气即得。但不宜太咸，咸则不鲜也。

【译】制作方法是：选用脂肪多的青鱼或草鱼，将鱼去鳞及内脏和鳃，洗净，横切成四分厚片。将鱼晾干水气，用花椒和炒熟、研细的白盐及白糖逐块摩擦，腌半天后去掉卤汁，再加入绍酒、酱油浸泡，经常翻动。浸泡一天一夜后取出，晾晒至半干，用芝麻油煎好，捞起。将花椒、八角、茴香炒熟，研成细末，掺入鱼块中，并放在用细铁丝做的罩上。在炭炉内加入少许茶叶、米，用烟熏制鱼块。熏制不必过度，鱼块微有烟香气即可。鱼块不宜太咸，太咸口味就不鲜了。

---

① 五香：一般指烹调食物常用的茴香、花椒、大料、桂皮和丁香五种香料。菜肴以"五香"命名，只表示香气浓郁，实际用料常常超过或不足这五种，这里就只用了三种。

② 模擦：摩擦。

③ 去：去掉。

制糟鱼法^①

冬日腌，鲤鱼、青鱼均可。腌时仍用花椒、炒盐。将鱼去鳞及杂碎，用盐擦遍，置缸内腌之。数日一翻，腌到月余起卤晒干。正月内即可截成块，先将烧酒^②抹过，再将甜糟^③略和以盐。一层糟，一层鱼，盛于瓮内，封固。俟夏日取出蒸食，味极甜美。如鱼已干透，至四五月间，则不用甜糟；只用好绍酒浸沾，盛于瓮内封之，亦甚鲜美，且免生蛀、霉等患。夏日佐盘餐^④，亦颇适于卫生也。

【译】冬天的时候腌渍，鲤鱼、青鱼均可。腌渍的时候仍用花椒和炒熟的盐。将鱼去鳞及内脏、鳃，用炒熟的盐将鱼擦遍，放置在缸内腌渍。几天后翻一次，腌到一个多月后，从卤汁内捞出，晒干。正月的时候就可以将鱼截成块状，先用酒将鱼块抹过，再将甜糟略调和一些盐，一层糟，一层鱼，放在缸内，封严缸口。等到夏天的时候取出来蒸着吃，味道非常甜美。如果鱼已经干透，到了四五月的时候，就不用甜糟了；只用上好的绍兴酒浸、蘸，放在缸内，封严缸口，也

---

① 现在制作糟鱼的用料比例一般是：腌鱼时，十斤鲜鱼配八两左右的粗盐；糟鱼时，十斤鱼干要配五斤糯米酒酒糟（由三斤糯米酿成）和半钱花椒。如果是用白酒浸泡，十斤鱼干需用一斤半左右的酒。

② 烧酒：白酒。

③ 甜糟：甜米酒的酒糟。

④ 佐盘餐：这里的意思是增加饭菜的花样。佐，辅助，盘餐，盛放在盘碗中的饭菜，也单指菜点。

是非常鲜美的，而且避免了生蛆、发霉等祸患。夏天的时候来增加饭菜的花样，也是很养生的。

制风鱼法

法以大鲫鱼，切勿去鳞。鳃下挖^①一洞，掏去杂碎；塞以生猪油块、大小茴香、花椒末、炒盐等；塞满腹内，悬于过风处^②阴干。食时去鳞，加酒少许蒸之。制时宜用冬日，至春初以之佐酒^③，肉嫩味鲜；若至二三月干透，则肉老无味矣。

【译】制作方法是：选用大鲫鱼，一定不要去鳞。鱼鳃下面挖一个洞，掏去内脏及鳃；鱼腹内塞入适量的生猪油块、八角、茴香、花椒末、炒熟的盐等；塞满鱼腹后，挂在通风的地方，阴干。吃的时候去鳞，加少许酒蒸制。冬天的时候适合做风鱼，到了开春的时候用它来下酒，肉嫩味鲜；如果到了二三月才干透，鱼肉就会老而无味。

---

① 挖（tuō）：为"挖"字之误。

② 过风处：通风的地方。

③ 以之佐酒：用它（风鱼）下酒。

制醉蟹法

九十月间霜蟹①正肥，择团脐②之大小合中者，洗净，擦干。用花椒炒细盐，将脐扳开，实③以椒盐；用麻皮周扎④，贮⑤坛内。坛底置⑥皂角⑦一段，加酒三成、酱油一成、醋半成，浸蟹于内；卤须齐蟹之最上层。每层加饴糖⑧二匙、盐少许；俟盛满，再加饴糖；然后，以胶泥⑨紧闭坛口，半月后即入味矣。

【译】九、十月份的时候螃蟹正肥，选取大小适中的雌蟹，洗净，擦干。准备花椒和炒熟的细盐，把螃蟹的脐掰开，加入花椒和炒盐填实；用麻皮绳将螃蟹四周扎紧，用坛储藏。在坛底放一段儿皂角，加入三成白酒、一成酱油、半成醋，将螃蟹浸泡在里面；卤汁必须与蟹的最上层相齐。每层要加二匙饴糖和少许盐；等到盛满后，再加入饴糖；然后，用胶

① 霜蟹：指阴历九、十月份霜降前后的螃蟹。

② 团脐：又称"圆脐"，原指雌蟹圆而扁平的腹部，这里指雌蟹。

③ 实：这里是充实、填塞的意思。

④ 周扎：将四周扎紧。

⑤ 贮：储藏。

⑥ 置：放。

⑦ 皂角：又称"皂荚"，豆科，落叶乔木。它的果实富有胰皂质，含碱性。

⑧ 饴糖：以米和麦芽为原料，经过蒸煮、糖化、过滤、浓缩等工序而制成的糖稀，其味甜柔爽口，多用于制作糖果糕点。

⑨ 胶泥：黏性很强的泥土。

泥将坛口密闭，半个月后螃蟹就入味了。

藏蟹肉法

蟹肉满①时，蒸熟剥出肉②黄③；拌盐少许，用磁器④盛之。炼猪油俟冷定⑤倾入⑥，以不见蟹肉为度。须冬间蒸留⑦更妙。食时刮去猪油，挖出蟹肉，随意⑧烹调，皆如新鲜者。

【译】在蟹肉肥美的时候，将蟹蒸熟并剥出蟹肉和蟹黄；拌入少许盐，盛入瓷器内。炼好的猪油等到完全冷却后倒进瓷器内，看不见蟹肉就可以了。如果冬天的时候再蒸一下就更好了。吃的时候刮去猪油，挖出蟹肉，可任意烹调，口味很像新鲜的螃蟹。

---

① 满：丰满；肥美。

② 肉：指蟹肉。

③ 黄：指蟹黄。

④ 磁器：瓷质器皿。

⑤ 冷定：完全冷却。

⑥ 倾入：倒进去。

⑦ 留：这里应为"馏（liù）"，就是将熟食再蒸的意思。

⑧ 随意：任意。

制皮蛋①法

　　制皮蛋之炭灰，必须锡匠铺②所用者。缘③制锡器之炭，非真栗炭④不可，故栗炭灰制蛋最妙。盖⑤制成后黑而不辣，其味最宜。而石灰必须广灰⑥，先用水发开；和一筛过之炭灰，压碎之细盐，方得⑦入味。如炭灰十碗，则石灰减半，盐又减半；以浓茶一壶浇之，拌至极匀，干湿得宜。将蛋洗净包裹后，再以稻糠滚上，俟冷透装坛，约二十日即成。

　　【译】制皮蛋的炭灰，一定要用锡匠铺所用的。因为制锡器用的炭，一定是真的栗炭，所以栗炭灰制皮蛋也最好。这样制成的皮蛋颜色黑而不辣，味道最适宜。而石灰一定要用广灰，先用水发开；调和筛过的炭灰和研碎的细盐，才能入味。如果用十碗炭灰，那么石灰就要减半、盐也减半；用一壶浓茶浇进去，搅拌均匀，干、湿适度。将蛋洗净包裹后，再滚上稻糠，等到冷透后装坛，大约二十天的时间就做成了。

---

① 皮蛋：又叫"松花皮蛋"或"变蛋"。

② 锡匠铺：制造锡器的手工作坊。

③ 缘：因为；由于。

④ 栗炭：栗树烧成的木炭。

⑤ 盖：文言虚词。在这里是表示理由或原因的连词。

⑥ 广灰：结块的优质生石灰，碱性较强。

⑦ 方得：才能够。

制糟蛋法

将鸭蛋轻敲，微损[1]其外壳；用好烧酒合盐浸之，须泡满五十日后取出。用甜酒糟加烧酒和盐，一层蛋，一层糟贮满，用泥封固。坛口上加一盆覆[2]之，日晒夜露，百日乃成。

【译】将鸭蛋轻敲，让外壳微微有裂痕；用好的烧酒和盐浸泡鸭蛋，一定要浸泡五十天以上再取出。用甜酒糟加烧酒和盐，一层蛋，一层糟，装满坛子，用泥将坛口封闭严实。坛口上再加一个盆盖好，白天让太阳晒，夜晚让露水打，一百天后就做成了。

制辣豆瓣法

以大蚕豆用水一泡即捞起；磨去壳，剥成瓣；用开水烫洗，捞起用簸箕盛之。和面[3]少许，祇[4]要薄而均匀；稍晾即放至暗室，用稻草或芦席覆之。俟六七日起黄霉[5]后，则日晒夜露。俟七月底始入盐水缸内，晒至红辣椒熟时。用红椒

---

① 损：这里作"伤"字理解。

② 覆：遮盖。

③ 面：小麦磨成的粉。

④ 祇："只"的繁体字。

⑤ 霉：霉菌，属真菌类，体呈丝状，丛生，可产生多种形态的孢子，多腐生。霉菌种类很多，有一小部分霉菌对动植物有害，可以用于食品的酿造加工。

切碎侵晨①和下；再晒露二三日后，用坛收贮。再加甜酒少许，可以经年不坏。

【译】将大蚕豆用水稍微泡一下就捞出；磨去蚕豆外壳，剥成豆瓣；用开水烫洗，捞出，盛入簸箕。掺入少许面粉，一定要让面粉薄而均匀；稍晾一晾，立刻将蚕豆放入暗室中，用稻草或芦席遮盖。等到六七天后发现起黄霉时，（拿出暗室）白天让太阳晒，夜晚让露水打。等到了七月底放入盐水缸内，晒到红辣椒成熟的时候。把红辣椒切碎，于天刚亮的时候下入缸内调和；再白天日晒、夜晚露水打两三天后，用坛子收藏。加入少许甜酒，几年都不会坏。

制豆豉②法

大黄豆淘净煮极烂，用竹筛捞起；将豆汁用净盆滤下，和盐留好。豆用布袋或竹器盛之，覆于草内。春暖三四日即成，冬寒五六日亦成，惟③夏日不宜。每将成时必发热起丝，即掀去覆草，加捣碎生姜及压细之盐，和豆拌之，然须略咸方能耐久。伴后盛坛内，十余日即可食。用以炒肉、蒸肉，均极相宜。或搓成团，晒干收贮，经久不坏。如水豆

---

① 侵晨：天刚亮的时候。

② 豆豉：是中国传统特色发酵豆制品调味料。由大豆或黑豆泡透、煮熟、发酵制成。

③ 惟：独，只。

豉^①，则于拌盐后取若干，另用前豆汁浸之。略加辣椒末、萝卜干，可另装一坛，味尤^②鲜美。

【译】将大黄豆淘洗干净，煮至很烂，用竹筛捞出；用干净的盆将豆汁过滤出，调和盐留好备用。煮好的豆用布袋或竹器盛好，放在草内。在温暖的春天里三四天做成，在寒冷的冬天里五六天也就做成了，唯独夏天不适合制作。每到即将做成时一定会发热起丝，要马上掀去盖着的草，加入捣碎的生姜、研细的盐，同黄豆一并搅拌，但是要适当的咸点儿，才能久存。搅拌后盛入坛中，十多天后就可以吃了。可以用豆豉炒肉、蒸肉，都是很合适的。也可以搓成团，晒干后保存，长时间不会坏。如果是做水豆豉，就要在拌盐后取出一部分，另用之前的豆汁浸泡，再加少许辣椒末、萝卜干，可另外装一坛中，味道特别鲜美。

制腐乳法

造腐乳须用老豆腐^③或白豆腐干^④。每块改切四块。以蒸笼铺净草，将豆腐平铺封固，再用稻草覆之。俟七八日起

---

① 如水豆豉：如果是做水豆豉。

② 尤：尤其；更加。

③ 老豆腐：蛋白质凝结牢固、水分较少、质量较高的豆腐。

④ 白豆腐干：又叫"白干子"，是用水豆腐压榨出水分后制成的。

霉后取出，用炒盐和花椒椮①入，置磁缸内。至八九日加绍酒，又八九日复翻一次，即入味矣。如喜食辣者，则拌盐时洒红椒末；若作红腐乳，则加红曲②末少许。

【译】做腐乳必须用老豆腐或白豆腐干。每块改刀切四块。在蒸笼内铺好干净的稻草，将豆腐平铺并封闭严实，再盖上稻草。等到七八天起霉后取出，掺入炒盐和花椒，放入瓷缸内。八九天后加入绍兴酒，再过八九天翻一面，就充分入味了。如果喜欢吃辣的，就在拌盐的时候撒些红辣椒末；如果想做红腐乳，可加入少许红曲末。

制酱油法

用大黄豆淘净煮熟透，再以小火煮至通夜。次早将熟豆盛于缸内，用麦面③拌匀；摊置篾筐内，上覆以芦席。天热时须俟稍凉方能覆盖。三四日后即上黄霉一层。取出，日晒夜露，俟干研碎，入熟盐水浸晒。早起④日未出时搅一

---

① 椮（sǎn）：疑是"掺"字误写。

② 红曲：用红曲霉在稻米中培养而成，供制造红糟、红酒以及红腐乳时做天然色素使用。

③ 麦面：指小麦磨成的面粉，白面。

④ 早起：早晨。

次。日晒夜露，至二十日后即成。如畏①蝇②蚋③，则以薄纱罩缸口；遇雨，则用大笠④盖之（然四面须植杆将笠悬空盖之）。缘夏日晒至极热，忽尔⑤紧盖，甚不相宜，必如此方透空气也。至作酱油之定率⑥：每黄豆一斤，配盐一斤、水七斤。水用煮沸者，冲以盐，隔夜澄清，次早备用为宜。

【译】选用大黄豆，淘洗干净，煮至熟透，再以小火煮制一整夜。第二天一早将熟豆盛入缸内，用白面拌匀；摊放在竹筐内，上面盖上芦席。在天热的时候须等到熟豆稍凉后，方可盖芦席。三四天后表面就生出一层黄霉。取出，白天日晒，夜晚露水打，等到干了研碎，加入熟盐水浸晒。早起日未出时搅一次。白天日晒、夜晚露水打，经过二十天就做成了。如果害怕招蝇、蚋，就用薄纱罩住缸口；如遇雨天，就用大竹笠盖上（须在四面竖立杆子将竹笠悬空盖住）。由于夏天会晒得很热，忽然间盖得很紧，是很不合适的，一定要按照这样的办法去通透空气。至于做酱油的（用料）比例是：每一斤黄豆，配一斤盐、七斤水。水要用开水，开水将盐冲化，将盐水滤清放一夜，第二天早晨去用最好。

---

① 畏：害怕；担心。

② 蝇：指苍蝇。

③ 蚋（ruì）：形似蝇，黑褐色，常吸人畜血液，传播疾病。

④ 笠：竹篾编成的伞形覆盖物，可做雨具使用。

⑤ 忽尔：忽然；突然。

⑥ 至作酱油之定率：至于做酱油的（用料）比例。

制甜酱法

白面以凉水和之，制成薄饼式。蒸熟，切成棋子块，覆草内。数日生黄霉后，日晒夜露。每十斤入盐三斤，开水二十斤，晒成收之。

【译】将白面用凉水调和好，制成薄饼的形状。将面饼蒸熟，切成棋子大小的块，放置在稻草内。经过数日，面饼生出黄霉后，将面饼经白天日晒、夜晚露水打湿。每十斤面饼加入三斤盐、二十斤开水，晒成后贮藏起来。

制酱菜法

制酱瓜、酱蒿笋法：须将瓜剖开，晒干；夜间将盐略腌之。次早拭①净盐水；另用盆贮甜酱，将瓜浸入，晒于日中。数日后将瓜取出，另换甜酱浸之。若以生瓜遽然②投入酱缸内，则缸内之酱全坏矣。

【译】制作酱瓜、酱蒿笋的方法：要将瓜剖开，晒干；夜间加少许盐分别腌渍。第二天早晨擦净瓜上的盐水；另取盆放入甜酱，将瓜浸泡在酱中，在太阳下暴晒。几天后将瓜取出，另换新的甜酱去浸泡瓜。如果把生瓜直接投入酱缸中，

---

① 拭：擦。

② 遽（jù）然：突然；忽然。

会使缸内的酱全部变坏。

制泡盐菜法

泡盐菜法：定要覆水坛^①。此坛有一外沿如暖帽^②式，四周内可盛水；坛口上覆一盖，浸于水中，使空气不得入内，则所泡之菜不得坏矣。泡菜之水，用花椒和盐煮沸，加烧酒少许。凡^③各种蔬菜均宜，尤以豇豆，青红椒为美，且可经久。然必须将菜晒干，方可泡入。如有霉花^④，加烧酒少许。每加菜必加盐少许，并加酒，方不变酸。坛沿外水须隔日一换，勿令^⑤其干。若依法经营^⑥，愈久愈美也。

【译】制泡盐菜的方法：一定要用泡菜坛。此坛有一外沿像暖帽的样子，四周可以盛水；坛口上盖一盖碗，浸于水中，使空气不得入内，这样所泡的菜就不会坏。泡菜的水，要用花椒和盐煮开，加些烧酒。凡各种蔬菜都可以做泡菜，特别以豇豆、青椒、红椒为最佳，而且可以长时间保存。但一定

① 覆水坛：又叫"泡菜坛"，坛口周围有一圈凹形托盘，可以盛水；坛口倒扣一个钵形盖碗后，坛口被水封住，能使坛内与坛外的空气隔绝，有利于乳酸发酵。

② 暖帽：属于清代服饰，多为圆形，《清会典事例·礼部·冠服》中有记载。

③ 凡：凡是，所有。

④ 霉花：霉菌丛生的菌丝聚拢而形成的花纹。

⑤ 勿令：不让。

⑥ 经营：经管；办理。

要将菜晒干，才可以泡入。如果发现有霉花了，就加些烧酒。每增加菜就一定要加适量盐，同时也加酒，泡盐菜才不会变酸。坛外沿内的水须隔一天换一次，不要让水干。如果按照这种方法去做，时间越长味道越好。

制冬菜法

冬日选黄芽白菜风干；待春间天晴时，将白菜洗净，取其嫩心，晒一二日后，横切成丝，又风干；加花椒、炒盐，揉之（宜淡不宜咸）。数日取出，晒干。再略加酒及酱油，揉之，仍盛坛内。隔十余日一晒；晒干又加酒及酱油，揉之。久之成红色，愈久愈佳，经夏不坏。夏日蒸肉最妙。

【译】冬天选用黄芽白菜进行风干；等到春季天晴的时候，将白菜洗干净，取出嫩心，晒一两天后，横切成丝，再进行风干；加入花椒、炒盐，揉搓白菜（口味宜淡不宜咸）。几天后取出，晒干，再加少许白酒、酱油，进行揉搓，将白菜盛入坛内。每隔十来天日晒一次；晒干后再加少许白酒、酱油，进行揉搓。时间长了白菜变成红色，时间越长越好，夏天也不会变坏。夏天用冬菜蒸肉最好。

制甜醪酒^①法

　　糯米须选整、白而无搀和饭米^②者。夜间淘净，以清水泡至次午；漉^③起用饭甑^④蒸熟透。每六斤米，用粬^⑤一小酒杯。先将酒粬研细，配好米数备用。俟米蒸熟后，如天寒则趁热拌粬。将稻草预先晒热；或用开水一大盆，先温草窝内。俟将粬和饭拌匀，装盆内覆以盖^⑥，即速置热草窝内，四周再用草围紧。如酒多缸大，则用草多围；如酒少缸小，则用木柜等装草围之，柜外尚^⑦须加被褥。如天热则宜摊凉再置缸内，以草围之。春秋和暖时，则须调至冷热合度方妥^⑧。总以详察天时^⑨为宜。天寒二三日即有酒香溢出；天热一二日即得。须先去其被，再少去其草，俟热退尽始行取

① 甜醪（láo）酒：汁和滓混合的甜酒，也叫"浊酒""稠酒"。

② 饭米：这里是指籼稻米。

③ 漉（lù）：过滤。

④ 饭甑（zèng）：陶制或木箅制的蒸饭器具。

⑤ 粬：或称"酒药"。含有大量曲霉菌和酵母菌以及多种酶的糖化发酵剂。它一般是用粮食或粮食的副产品为载体，在其中培养微生物制成。曲种不同，酿出的酒也有区别。

⑥ 覆以盖：用盖盖住。

⑦ 尚：还。

⑧ 方妥：才妥当。

⑨ 天时：指节令、气候和阴晴寒暑等的变化。

出。倘^①因冷度过盛，略无^②酒香者，即拔开中央^③，加好高粱酒四两，次日即沸^④，过七日即成。

【译】糯米须选用完整、洁白而且没有掺入籼稻米的。在夜间淘洗干净，用清水浸泡至第二天中午；捞出过滤后，用饭甑蒸至熟透。每六斤糯米，加一小酒杯曲。先将酒曲研磨细，配好适量的糯米备用。等到米蒸熟以后，如果天气寒冷就趁热拌曲。将稻草预先晒热，或用一大盆开水，先放在草窝内保温。等到将曲和米饭拌匀后，装入盆内用盖子盖住，快速放在热草窝内，四周再用稻草围紧。如果酒多缸大，就多围草；如果酒少缸小，就用木柜等装上草去围紧，柜外还要加上被褥。如果天热，就应该将曲和米饭摊凉后放入缸内，用稻草围紧。春、秋季节温暖，就要调到冷热适度才妥当。最好要详细观察天时变化。天气寒冷时两三天就有酒香味冒出；天热时一两天就可以了。一定要先去掉被褥，再少去掉些稻草，等到温度退去后再行取出。假如太冷了，没发现有酒香，马上拔开盖子，加四两好高粱酒，第二天就会出现气泡，经过七天就做好了。

---

① 倘：假若；假如。

② 略无：一点儿也没有。

③ 中央：缸中央，这里指盖子。

④ 沸：水涌起的样子。这里指出现气泡。

制酥月饼法

用上白灰面^①，一半上甑蒸透，勿见水气；一半生者，以猪油合凉水和面。再将蒸熟之面全以猪油和之。用生油面一团，内包熟油面一小团；以赶^②面杖赶成茶杯口大，叠成方形；再赶为团，再叠为方形；然后包馅，用饼印^③印成，上炉炕^④熟则得矣。油酥馅，则用熟面和糖及合桃^⑤等，略加麻油，则不散矣。

【译】选用上等白面，一半上甑蒸透，不要有水汽；一半生的，用猪油调和凉水来和面。再将蒸熟的面全部用猪油和。用一小团生油面，里面包一小团熟油面；用擀面杖擀成茶杯口大小，叠成方形；再擀，再叠成方形；然后包馅，用木模扣成型，上炉烤熟就可以了。油酥馅，要用熟面和糖及核桃仁等，略加些芝麻油，就不会散了。

---

① 上白灰面：上等白面。

② 赶：同"擀"。

③ 饼印：制月饼的木模，刻有花纹图案或生产厂家的名字。

④ 炕：通"烤"。

⑤ 合桃：核桃仁。合，同"核"。

浪迹丛谈四种

（饮食部分）

〔清〕梁章钜　撰

周止礼　注释/译文

服核桃

核桃补下焦①之火，亦能扶上焦②之脾，但服之各有其法。旧闻曾宾谷先生每晨起必啖③核桃一枚，配以高粱烧酒一小杯，酒须分作百口呷④尽，核桃亦须分作百口嚼尽，盖取其细咀缓嚼以渐收滋润之功。然性急之人往往不能耐此。余在广西，有人教以服核桃法：自冬至日起，每夜嚼核桃一枚，数至第七夜止；又于次夜如前嚼，亦数至第七夜止。如是周流⑤，直至立春日止。余服此已五阅年所，颇能益气健脾。有同余服此者，其效正同。闻此方初传自西域⑥，今中土⑦亦渐多试服者；不甚费钱，又不甚费力，是可取也。

【译】吃核桃可以补膀胱元气不足，也能补脾虚，但是吃核桃各有各的方法。以前听说曾宾谷先生每天早起一定吃一个核桃，用一小杯高粱烧酒佐助，酒要分百口慢慢喝，核桃也要分百口细细嚼完，大概因为咀嚼得细，才可以逐渐收到滋润身体的效果。然而性急的人往往不适用这个办法。我

---

① 下焦：中医学名词。以胸膈部、上腹部及脐腹部的脏器组织分为三焦。

② 上焦：同注①。

③ 啖（dàn）：吃或给人吃。

④ 呷（xiā）：小口儿地喝。

⑤ 周流：周转流行。

⑥ 西域：汉时指现在玉门关以西至新疆和中亚细亚等地区。

⑦ 中土：指中国。

在广西时，有朋友教我吃核桃的办法：自冬至那天起，每夜细嚼核桃一枚，一连七天，然后停一夜；再连着吃七天，再停一夜。像这样连续不断，直到立春那一天停止。我这样吃核桃，已经五年多了，对健脾益气很有功效。有像我这样吃核桃的，效果也一样好。听人说此法最初从西域传来，现在中国也逐渐有很多人试用；这个办法不太费钱，也不太费事，是它最大的优点。

服海参

余抚粤西①时，桂林守②兴静山体气极壮实而手不举杯，自言二十许时，因纵酒得病几殆③，有人教以每日空心④淡吃海参两条而愈，已三十余年戒酒矣。或有效之者，以淡食艰于下咽，稍加盐、酒，便不甚效。有一幕客⑤，年八十余，为余言海参之功不可思议。自述家本贫俭，无力购买海参，惟遇亲友招食，有海参必吃之净尽，每节他品以抵之，已四五十年不改此度。亲友知其如是，每招食亦必设海参，且

① 抚粤西：在粤西做巡抚。粤西，旧指广东西部，今广西境内。

② 守：官名，秦时为一郡之长。后为郡守、太守、刺史的简称。

③ 殆：危险，这里是病危的意思。

④ 空心：没吃东西，空着肚子。

⑤ 幕客：幕府的僚属。古代将帅幕府中的参谋、书记等。后泛指文武官署中没有官职的佐助人员。

有频频馈送者，以此至老不服他药，亦不生他病云。

【译】我在广东西部做巡抚时，桂林太守兴静山身体非常好，却一点酒都不喝，他自己说二十来岁时，因为酗酒病危，当时有人教他每天空着肚子吃淡海参两条，这样病就好了，所以至今戒酒三十多年了。也有效法他的人，因为吃淡海参难以下咽，略加点盐、酒一起吃，就没有太好的效果。有一位幕客，年纪八十多岁了，对我说海参的功效不可思议。他说他家里本不富裕，没有钱买海参，只有遇到亲友招请赴宴，宴席上有海参，一定尽量都吃掉，其他菜肴就少吃些，这样已经有四五十年了。亲友也知道他很爱吃海参，每次招待吃饭，必定准备海参，加上常常有人用海参作为礼品赠送他，所以他到老从不吃药，也不生病。

老饕①

余酒户②不大，而好为豪饮；家本贫俭，而好讲精馔③。每读《孟子》"饮食之人"语④，辄为汗颜⑤，然历观古近之

---

① 老饕（tāo）：贪食的人。

② 酒户：酒量。古称酒量大者为大户，酒量小者为小户。

③ 馔：饮食，吃喝。

④《孟子》"饮食之人"语：见《孟子·告子上》："饮食之人，则人贱之矣，为其养小以失大也。"意思是：只讲究吃喝的人，受到人们的鄙视，因为他贪小而失大！

⑤ 辄为汗颜：辄，总是，每至此。汗颜，脸上出汗，这里是羞愧的意思。

031

人，不好此者盖鲜①。坡公诗“我生涉世本为口”②，乃真实无妄之语，非俗流所可诋讥也。惟性不佞佛③，而雅④不喜杀生，半生宦迹所经，于吴中之沧浪亭⑤、桂林之五咏堂⑥，皆举放生⑦之会。近年于脚鱼、水鸡、黄鳝、白鳝诸物，皆不入厨下，又与坡公岐亭诗旨⑧正合，所愧者仍不能不察于鸡豚⑨耳。中年以后，每作诗多自称老饕，往往为家人所笑。余谓老饕字见用于坡公⑩，宋人诗中亦屡见，《瓮牖闲评》⑪引谚云："眉毫不如耳毫，耳毫不如老饕。"故苏东坡作

① 鲜：少。

② 坡公诗"我生涉世本为口"：坡公，苏轼，北宋文学家、书画家。字子瞻，自号东坡居士，眉山（今属四川）人。诗见《苏轼诗集》卷三十九《四月十一日初食荔枝》。涉世，犹言度世，经历世事。

③ 佞佛：沉迷于佛教。

④ 雅：平素，素来。

⑤ 沧浪亭：江苏苏州名园之一。原为五代吴越广陵王钱元璙的花园。北宋庆历五年（公元1045年）诗人苏舜钦在园内修建沧浪亭，故名。

⑥ 五咏堂：原在广西桂林独秀峰读书岩前，以有"五君咏"石碑得名。五君咏碑文是黄庭坚等写的米芾（fú）、程节等五人唱和的诗。已毁，清代梁章钜重刻碑。

⑦ 放生：释放鱼、鸟等小生物，佛徒的一种善举。

⑧ 坡公岐亭诗旨：见《苏轼诗集》卷二十三，《岐亭五首》并叙。其二："我哀篮中蛤，闭口护残汁"句，《东坡题跋》云："去年下狱得脱，从此不杀一物，有馈蟹蛤者，皆放之江中。"即此诗意也。

⑨ 不察于鸡豚：不关注鸡豚，或放过鸡豚。语出《大学》。

⑩ 老饕字见用于坡公：指苏轼写有《老饕赋》，见《东坡集》续集三"盖聚物之夭美，以吾养之老饕"。

⑪ 《瓮牖（yǒu）闲评》：笔记，宋代袁文撰。袁文，字质甫，鄞县（今属浙江）人。本书八卷。原本久佚，从《永乐大典》辑出，皆为考订之作。

《老饕赋》，盖眉毫耳毫皆寿征，老而能健饮健啖，则亦寿征，故谚连类及之。余以悬车①余年，就养子舍②，养非一事可竟，而以饮啖为大端，孟子言曾子养曾晢，即以酒肉为养志之征③，后世亦何尝有以老饕笑郕国公桥梓④者哉！惟左氏传称缙云氏有不才子⑤，贪于饮食，冒于货贿，天下之民，谓之饕餮。杜注⑥："贪财曰饕，贪食曰餮。"盖分注饮食、货贿二义，《玉篇》⑦亦同。今人于饕字似皆误用，而以贪食为饕，则绝无他文字可证，盖自坡公以后，皆不免沿讹至今耳。

【译】我酒量不大，可是喜欢畅饮；家境本不富裕，却喜欢讲究烹饪。每次读到《孟子》中"饮食之人"这句话，就

① 悬车：古代年七十辞官家居，废车不用，故曰"悬车"。

② 就养子舍：指父母到子弟住所受其供养。

③ 孟子言曾子养曾晢，即以酒肉为养志之征：孟子所说曾子如何奉养父亲，就是用酒肉作为尽孝道的表现。见《孟子·离娄上》。儒家认为承顺父母的心意，就是尽孝道，也就是养志。

④ 郕（chéng）国公桥梓：郕国公父子。这里指曾晢和曾参父子。宋代封曾参（曾子）为郕国公。桥梓，见《尚书大传·周传·梓材》："桥者，父道也；梓者，子道也。"后称父子为桥梓。

⑤ 左氏传称缙云氏有不才子：见《左传文公十八年》："缙云氏有不才子，贪于饮食，冒于货贿，侵欲崇侈，不可盈厌，聚敛积实，不知纪极……天下之民，以比三凶，谓之饕餮。"饕餮，古代传说中的一种凶恶的兽，古代铜器上多刻它的头部形状作装饰。后比喻凶恶之人，贪食之人。

⑥ 杜注：西晋学者杜预撰《春秋左氏传集解》，是《左传》注解流传至今最早的一种，收入《十三经注疏中》，后多称"杜注"。

⑦ 《玉篇》：字书。南朝梁顾野王撰，三十卷，体例仿《说文解字》。

惭愧得出汗。可是从历史上看，古往今来，不喜欢吃的人很少。苏东坡的诗"我生涉世本为口"，乃是真心实话，不是一般世俗之人可以讥笑的。只是在性情上，我并未沉迷佛教，却素来不喜欢杀生。半生官场去过的地方，在苏州的沧浪亭、桂林的五咏堂，都举办过放生会。近几年来脚鱼、蛙、黄鳝、白鳝等物都不用来做菜，这一点与苏东坡的《岐亭五首》诗意相合。感到惭愧的是仍不能不吃猪肉、鸡肉。中年以后，每作诗都自称为老饕，常常被家里人取笑。我告诉他们老饕两字，苏东坡诗文中用过，宋人诗文中也常见。如《瓮牖闲评》引的谚语说："眉毫不如耳毫，耳毫不如老饕。"所以苏东坡作《老饕赋》，指眉毛长、耳毫长全是长寿的象征，年纪大了还能多吃多喝，也是寿征，所以民间谚语也连类相比。我年老辞官后，到儿子家养老，养老不是靠做一件事就完了的，而饮食是首要大事。孟子所说曾子养曾皙，就是以酒肉来顺承父母心意的。后代的人里有因为老饕笑郮国公父子的。只有《左传文公十八年》记载缙云氏有个不成材的儿子，好吃贪财，所以天下人叫他饕餮。杜注解释："贪财曰饕，贪食曰餮。"大概是分别注释贪财与贪食二义。《玉篇》注释也一样。现代人用饕字好像都用错了。指贪食的"餮"字绝对没有别的文字可以为证的。大概自苏东坡以后，都不免误用讹传到现在吧！

精馔

先大父①天池公尝语人曰："古人之讲求精馔者，非徒以狗②口腹③之欲，盖实于养生④之道为宣。"人不能一日离饮食，若所入皆粗而不精，即难免有损而无益，故《乡党》言⑤："食不厌精，脍不厌细。"朱子⑥注云："食精则能养人，脍粗则能害人。"盖圣贤于饮馔之事，亦无不以精粗为养人、害人之分也。

【译】我已故的祖父天池公，曾经对人说："古人讲究饮食精致的，不只是贪馋美味，而实在是为了符合养生之道。"人没有一天能不吃不喝的。假如所吃的东西，都粗糙不精细，就不免对身体有害而无益。所以《论语·乡党》上说："粮食不嫌舂得精，肉不嫌切得细。"朱熹注释说："吃的食物精细，就能养人；肉切得不细，则对人有害。"可见圣贤之人，在饮馔方面也以精粗作为养人、害人的区别。

---

① 先大父：作者对自己已去世的祖父或外祖父的尊称。先，对已去世者的尊称。

② 狗（xùn）：同"徇"。顺从，曲从之意。

③ 口腹：饮食。《孟子·告子上》："饮食之人，无有他失也，则口腹岂适为尺寸之肤哉！"

④ 养生：摄养身心，以期保健延年。

⑤ 《乡党》言：见《论语·乡党第十》。

⑥ 朱子：朱熹，字元晦，号晦庵。南宋哲学家、教育家。学问渊博，对经学、史学研究都有很大贡献。著有《四书集注》等。

东坡肉

今食品中有"东坡肉[1]"之名。盖谓烂煮肉也，随所在厨子能为之。或谓不应如此侮东坡，余谓此坡公自取之也。坡公有《食猪肉》诗云："黄州好猪肉，价贱如粪土。富者不肯吃，贫者不解煮。慢着火，少着水，火候足时他自美。每日起来打一碗，饱得自家[2]君莫管。"

【译】如今食品中有"东坡肉"这个菜肴名，实际上就是煮得熟烂的猪肉，各地方的厨师都会做。有人说不应这样轻慢苏东坡，要我说这是坡公自找的。苏东坡的《食猪肉》诗说："黄州好猪肉，价贱如粪土。富者不肯吃，贫者不解煮。慢着火，少着水，火候足时他自美。每日起来打一碗，饱得自家君莫管。"

燕窝

燕窝出广东，阳江[3]县最多。或云海燕采小鱼营巢（巢字亦东园刊本作集，是误字），故名燕窝；或云海燕啄食螺肉，肉化而筋不化，并精液吐出，结为小窝，衔飞过海，倦

---

① 东坡肉：东坡，苏轼。苏轼在黄冈，戏作《食猪肉》诗，后肴馔中所谓东坡肉，本此。

② 自家：自己，自己一家。

③ 阳江：在广东西南，1959 年与阳春县合并，名两阳县。

则漂水上暂息，小顷又衔以飞，人依时拾之。《闽小记》^①

云："燕窝有乌、白、红三种，红者最难得，可治小孩痘疹，白者愈痰。"今闽、广入贡^②者，鲜白无纤翳^③，云系人力折制所成，非天然如是也。吾乡许青岩方伯^④（松佶）

云："燕窝产海岛中，穷岩邃^⑤谷，足力绳竿之所不及，估舶^⑥养小猿之善解人意者，以小布囊系猿背上，纵之往，升木蹑^⑦崖，尽剥塞贮囊以归。猿之去也，苦不得食，三数日始返。估客以果饵充囊中，俾^⑧之远出不饥；拙者出即剥塞囊中，归而倾囊，不过数片，为果饵占地也；黠者将果饵倾岩窦^⑨间，剥塞满囊。往返数回，尤为便捷。此一猿值数百金，价数倍于拙者。"许谨斋黄门^⑩志进每晨起，用燕窝合蔗浆蒸食之，以融软为度，谓他人皆生食也，可终日不溺云。

---

① 《闽小记》：清周亮工著，亮工字元亮，号栎园，祥符（今河南开封）人。明崇祯进士，降清后，任户部右侍节等职。《闽小记》写于任福建布政司时，主要记述在闽所见物产民风、琐事遗闻。

② 入贡：向朝廷进献地方名贵物产。

③ 纤翳（yì）：微小的尘埃。

④ 方伯：明清时对布政使的称呼。

⑤ 邃（suì）：深。

⑥ 估舶：商船。估，估客，贩货的行商。舶，大船，海船。

⑦ 蹑（niè）：踩登。

⑧ 俾（bǐ）：使。

⑨ 岩窦（dòu）：岩孔，岩洞。

⑩ 黄门：清代多指侍郎。

【译】燕窝出产以广东阳江县为最多。有人说是海燕捕小鱼筑巢，所以叫燕窝；也有人说是海燕啄食螺肉，螺肉消化了，而筋消化不了，与胃液一起吐出，结成小窝；海燕衔着小窝，飞过大海，疲倦了就将小窝放漂在海面上暂歇，一会儿又衔着飞走，人们就在这时去拾取燕窝。《闽小记》载："燕窝有乌、白、红三种，红者最难得，可治小孩痘疹，白者可愈痰。"现在福建、广东进贡的燕窝，洁白光鲜没有一点小尘埃，据说是人力折制而成，并非天然就这样。我家乡的布政使许青岩说："燕窝产在海岛上及高岩峡谷之中，靠双脚或是用绳竿都达不到。行商的海船上驯养有善解人意的小猿，在小猿的背上系上小布袋，驱使它去爬树登崖，把燕窝全部剥下放在小布袋中带回来。小猿去取燕窝，苦于得不到食物，好几天才往返一次，商人就把瓜果面饼放在布袋中，使小猿远出不挨饿；笨拙的小猿一去就把燕窝剥下往布袋中放，回来倒空布袋，不过几片，因为瓜果面饼占了地方。聪明的小猿把瓜果面饼先倒在岩洞里，摘取的燕窝就装满袋子，往返数次，尤为方便快速。这样的小猿一只值几百两金子，价钱是一般小猿的几倍。"许谨斋侍郎每天早起，用燕窝和蔗糖浆一起蒸着吃，以烂、软为适度。据说别人都是生吃，可以一整天不尿。

熊掌

熊掌味洵美①。余在甘肃，曾同时购得十副。以两副寄福州家中，闻家人不知制法，过夏遂为虫蛀尽，不堪用矣。记得《茶余客话》②有一条云："熊掌用石灰沸汤剥净，以布缠煮熟，或糟尤佳。曩③见陈春晖（邦彦）故第④墙外，砖砌烟筒高四五尺，上口仅容一碗，不知何用。云是当日制熊掌处，以掌入碗封固，置口上，其下点蜡烛一枝，微火熏一昼夜，汤汁不耗⑤，而掌已化矣。"

【译】熊掌真是美味。我在甘肃时，曾同时买到十副熊掌。两副寄到福州家中，后来听说家里人不知道怎样烹制，存放过了夏天，全被虫蛀了，不能再用。我记得《茶余客话》中有一条说："熊掌烹制前，先要用热石灰水剥尽带毛硬皮，再用布缠后煮熟，或糟制也特别好。以前曾看到陈春晖的家门墙外，有一个砖砌的烟筒，高四五尺，上口仅仅能放下一个碗，不知道作什么用的，后来听说是当时烹制熊掌的地方。将熊掌（加上各种调料）放在碗内，盖严，放在烟筒口上，

① 洵美：实在美味。

② 《茶余客话》：笔记，清阮葵生撰。葵生字宝诚，江苏山阳（今江苏淮安）人。成书于约乾隆三十六年（公元1771年）前。内容广泛，其有关清初典章制度及入关前后建置等记载，较有资料价值。

③ 曩（nǎng）：从前的、过去的。

④ 故第：从前的住宅。帝王赐给臣下的房屋有次第等级。

⑤ 耗：减损。

烟筒底部点上蜡烛一支，微火熏一昼夜。汤汁不会散漏，而
熊掌也完全熟了。"

豆腐

　　余每治馔，必精制豆腐一品，至温州亦时以此饷客①，
郡中同人遂亦效为之，前此所未有也。然其可口与否，亦
会逢其适，并无相传一定之方。前阅宋牧仲《筠廊随笔》，
载康熙年间，南巡至苏州，曾以内制②豆腐赐巡抚宋荦，且
敕③御厨亲至巡抚厨下传授制法，以为该抚后半辈受用，惜
当时不将制法附载书中。近阅《随园诗话》，亦有一条云：
"蒋戟门观察④招饮，珍羞⑤罗列，忽问余：'曾吃我手制
豆腐乎？'曰：'未也。'公即着犊鼻裙⑥，亲赴厨下，良
久擎出，果一切盘殽尽废。因求公赐烹饪法，公命向上三
揖⑦，如其言，始口授方，归家试作，宾客咸⑧夸美。"却

----

① 饷客：用酒食款待客人。饷，通"飨"。

② 内制：宫廷所制。

③ 敕（chì）：皇帝诏书，命令。

④ 观察：清代对道员的尊称。

⑤ 珍羞：珍贵的食物。

⑥ 犊鼻裙：犊鼻裈（kūn）。厨房操作时所着的裤、裙之类，具体形状、款式不详。

⑦ 三揖：三次拱手行礼。

⑧ 咸：都，皆。

亦未详载制法，想《随园食单》^①中，必观缕^②及此，手边无此书，容再考之。惟记得所最忌者二事，谓用铜铁刀切及合锅盖烹也。

【译】我每次宴请客人，一定精制一个豆腐菜。到温州也常以此款待客人。于是，本地方的同事也学着这样做，这是以前没有的事。可是豆腐这个菜，做得可不可口，也多是碰手气，并没有从前传下来的一定的方法。以前看宋牧仲的《筠廊随笔》，记载康熙南巡到苏州，曾经把御膳房做的豆腐赏给巡抚宋荦，并且叫御厨师亲自到巡抚家中传授做豆腐的方法，以此给这位巡抚后半生享用，可惜当时没将制法写在书里。最近看《随园诗话》，也有一条说："蒋戟门观察请我吃饭，席上满是珍贵的菜肴，忽然问我：'你吃过我做的豆腐吗？'我说：'没有。'他立即戴上围裙，亲自到厨房，好久才将做好的豆腐端出来，果然席上的其他菜大家都不吃了。因此，求他教给烹制的方法，蒋叫大家向上作三揖礼，大家照他说的那样做了，才口授其法。回到家中，依法试做，宾客都赞不绝口。"可是《随园诗话》中也没有记录烹制方法。我想《随园食单》中一定有详细叙述，现在手中没有这本书，以后再查吧。只记得做豆腐最忌讳两件事：用铁刀或铜刀切和盖上锅盖烹饪。

---

① 《随园食单》：作者袁枚，清代文学家。字子才，号简斋，晚号随园老人。《随园食单》系统地论述了烹饪技术和南北菜点。

② 观缕：观察仔细。缕，一条一条，详详细细。

面筋

今素食中有面筋，若得佳厨精制之，可与豆腐同称佳品，惟烹制之难，亦与豆腐同。余在桂林时，厨子最精此味，以饷同人，无不诧为稀有。而吾乡人多不食之，家人尤相率①戒此，诘②其故，则以店中制面筋者，率以两足底踹之。此诚不能保其必无，若系家厨自制，则断无此弊。此物自古即重之，《梦溪笔谈》③云："凡铁中有钢者，如面中有筋，濯④尽柔面，则面筋乃见⑤。炼钢亦然。"《老学庵笔记》⑥云："仲殊⑦性嗜蜜，豆腐、面筋皆用蜜渍。"近人《一斑录》⑧中，亦有制面筋干一法，亦雅人清致⑨，非俗子所知也。

【译】现在素菜食品中的面筋，若有手艺好的厨师精心烹制，可与豆腐同称佳品，只是烹制的难度也与豆腐一样。

---

① 相率：一个接着一个。

② 诘（jié）：追问。

③ 《梦溪笔谈》：宋代沈括著。内容分故事、乐律、艺文、书画、技艺等类，记述我国古代科技和文艺研究成果。

④ 濯（zhuó）：洗。

⑤ 见（xiàn）：同"现"。

⑥ 《老学庵笔记》：宋代陆游撰。十卷，又续笔记二卷。所记多逸文旧典及当代史实、典章制度。"老学庵"为陆游斋名，取师旷老而学如秉烛夜行之意。

⑦ 仲殊：指仲殊长老。是苏东坡熟悉的一个和尚。

⑧ 《一斑录》：清代郑光祖撰。五卷，附编一卷，杂述八卷。

⑨ 雅人清致：高雅人的情趣。

我在桂林时，家中的厨师最精于此菜，用它招待同僚，都惊叹是少有的美味。可是我家乡的人大多不吃面筋，我家里人也相继不吃，问他们什么原因，原来是因为店铺中制造面筋的人，一般用双脚踹，这固然不可能保证没有这样的事。但若是家厨自做，就绝不会有此弊病。面筋自古就受到重视，《梦溪笔谈》中说："大凡铁中有钢，如同面中有筋，洗净揉面部分后，面筋就出来了。炼钢也是这样。"《老学庵笔记》中说："仲殊长老生性喜欢吃蜂蜜，所以豆腐、面筋，全用蜜腌。"近人《一斑录》中，也有制面筋干的方法，那是高雅人的意趣，不是一般人能懂的。

不食物单

《随园食单》所讲求烹调之法，率皆常味蔬菜，并无山海奇珍，不失雅人清致。余由寒俭①起家，更何敢学制食单，徒取老饕之诮，而恰有生平所深戒②及所深恶者，列为不食物单，聊③示家人，兼饬④厨子，以省口舌之烦云。

牛肉，犬肉。以上两物，系守祖戒，十数传至今，别

---

① 寒俭：穷困俭省。指家世清贫。

② 深戒：深，很，十分。戒，受约束而不为。

③ 聊：姑且，大略。

④ 饬（chì）：旧时指上级命令下级。

房①子侄，或有出入，而余本支从未破戒②也。水鸡，一名"石鳞"，一名"骨冻"，亦名"乌皮"，惟南省山中有之，种类极多，而皆可于口。脚鱼，广西山中有极大者，名曰"山菜"。白鳝。黄鳝。以上四物皆近年始戒。鳇鱼③骨。一称"明骨"，一称"鲟脆"。质甚洁白，而了无余味可寻，徒借他物作羹材而已。其价甚昂，故厨子侈为珍品，因之有伪为者，其无味则同。羊肝、肺，羊腰同。猪头肉，烧肝花，大肉丸，鸡蛋汤，排骨，香肠，鸡卷，铁雀④。以上皆荤品。

葛仙米⑤，产自广西，而通行于各省。余在桂林五年，并未尝一以饷客也。百合，扬州人最喜用之。其味略苦，余素未下箸也。莼菜，此江浙雅品，不食之未免不韵⑥，然不能强所不好也。黄瓜，北人最嗜之，新出嫩条者尤所珍贵。金瓜⑦，最毒，闻取绝大金瓜藏贮月余日，腹中便生蛇子。

① 别房：指同姓近支已婚兄弟互称。

② 本支：指本人嫡系子孙。破戒：佛家语。本指受戒僧人违反戒律，后泛指破除约束，规矩。

③ 鳇鱼：鲟鳇。鱼名，也作"鲟鳝"，一名"鳣"。产于江河及近海深水中，长两三丈，无鳞，状似鲟鱼而背有甲质，色灰白。

④ 铁雀：一种麻雀。

⑤ 葛仙米：俗称"地耳"。蓝藻门，念珠藻科植物，可供食用。

⑥ 韵：风雅。

⑦ 金瓜：蔬菜植物，秋结实，扁圆形，红褐色。

红萝卜，香椿，延荽①，锅渣②。以上皆素品。

【译】《随园食单》一书所记载烹调的方法，一般都是人们常吃的菜肴，并没有山珍海味，也没有失去高尚人士的风雅。我从贫寒起家，更不敢学前辈名人写食单，白白被讥为老饕。只是正好有生平所戒食和最厌恶的东西，开出一张不食物单，姑且给家中人看，并作为给厨师的指示，以省去经常唠叨之烦。

牛肉、犬肉，不吃以上两种肉类，是守祖戒，至今传了十几代，别房子侄或许有人不遵守，而我们本支从来没有人破戒。水鸡，一名"石鳞"，另一名"骨冻"，也叫"乌皮"，只是南方各省山中有，种类很多，并且全都好吃。脚鱼，广西山中有很大个的，叫作"山菜"。白鳝。黄鳝。以上四种，都是近年才戒食的。鳇鱼骨，又叫"明骨"，或"鲟脆"。颜色洁白，但吃起来没味，只能借有味的菜来做羹汤。价钱很高，所以厨师将它视作珍品，因此有作假的，同样没有味道。羊肝、羊肺、羊腰、猪头肉、烧肝花、大肉丸、鸡蛋汤、排骨、香肠、鸡卷、铁雀，以上都是荤菜。

葛仙米，广西出产，而贩运各省。我在桂林五年，从来没有用它来款待客人。百合，扬州人最喜欢吃。味道有点苦，我从来不下筷子。莼菜，是浙江的高雅菜，不吃它未免

---

① 延荽：芫荽；香菜。

② 锅渣：可能指锅巴。

有失风韵，可是总不能强人所难啊。黄瓜，北方人最喜欢吃它，以新下市的嫩瓜最珍贵。金瓜，最毒，听说把个儿很大的金瓜收藏个把月，里面就会生小蛇呢。红萝卜、香椿、芫荽、锅渣，以上全是素品。

火腿

今人馈送食物单中，有火腿者，率开^①兰薰几肘，初笑其造作不典^②，而不知其名乃自古有之。赵学敏《本草纲目拾遗》^③云："兰薰，俗名火腿，出金华，六属^④皆有，出东阳^⑤、浦江^⑥者更佳。有冬腿、春腿之分，前腿、后腿之别。冬腿可久留不坏，春腿交夏即变味，久则蛆腐。"盖金华人多木甑^⑦捞米作饭，其饭汤浓厚，专以饲猪，兼饲豆渣、糠屑，或煮粥以食之，夏则兼饲瓜皮、菜叶，故肉细而体香。

① 率开：率，往往。开，写。

② 造作不典：做作，不符合规范。

③ 《本草纲目拾遗》：中药学书名。清代赵学敏著。成于乾隆三十年（公元1765年）。本书为李时珍《本草纲目》补遗。

④ 六属：《周礼》称周制以官府的六属即天官、地官、春官、夏官、秋官、冬官治理国政。这里是全国各地的意思。

⑤ 东阳：县名。在浙江省中部、钱塘江支流、金华江上游。东汉置吴宁县，唐改东阳县。农产丰富，特产"金华火腿"。

⑥ 浦江：县名。在浙江省中部，东汉为丰安县，唐置浦阳县，五代吴越改为浦江县。1960年曾撤销，划归义乌、兰溪，1966年恢复浦江县，今属金华市。

⑦ 甑（zèng）：古代蒸饭的一种瓦器。现在已演变为木制桶状物。

凡茅船渔户，所养尤佳，名船腿，较小于他腿，味更香美，煮食之，其香满室。《东阳县志》云："薰蹄，俗名火腿，其实烟薰，非火也。所腌之盐，必台盐①，所薰之烟，必松烟。又一种名风蹄，不用盐渍，名曰淡腿，浦江为盛。"陈达夫《药鉴》云："浦江淡腿，小于盐腿，味颇淡，可以点茶②，名茶腿。陈者止血痢，开胃如神。"或传数十条火腿中，必有一条狗腿，盖初腌腿时，非杂以狗腿则不成，故货腿人亦甚珍惜之，不肯与人，偶有得者，则其味尤美，此说不知何所据。余素不吃狗肉，即得之，亦不知其味也。按志乘③中所载火腿颇详，而此物之缘，则从未有考证，即古今人亦绝无吟咏及之者。惟记亡友吴巢松侍讲④诗集中，有《咏花猪肉》五古，甚博雅，惜手边无此书也。

【译】现在人们的食物礼品单中列有火腿的，往往写"兰薰几肘"，我最初曾讥笑这样的做作和不合规范，却不知道这个名称自古就有。赵学敏的《本草纲目拾遗》中说："兰薰，俗名火腿，出自金华。各地都有生产，以东阳、浦江的为最好。有冬腿、春腿的不同，也有前腿、后腿的区别。冬腿可以久存不坏，春腿到了夏天就会变味，放的时间久了，还会

---

① 台盐：浙江临海生产的盐。

② 点茶：古人煎茶，今之熬茶；点茶，今之泡茶。

③ 志乘（shèng）：地方志书。记载地方的疆域沿革、人物、山川、物产、风俗等。

④ 侍讲：官名。唐、宋即有，明、清则为翰林院额定之官，有侍读学士、侍讲学士、掌撰著记载等事。

生虫蛆。"因为金华多用木桶捞米做饭，饭汤浓厚，专用来喂猪，再加喂豆渣、糠屑，或煮以粥喂猪，夏天则加瓜皮、菜叶，所以肉细而香。渔户、银户所养的猪就更好了，这种猪做的火腿名叫"船腿"，虽然比其他腿小些，但味道更香美，煮食时，满屋子香味。《东阳县志》载："熏蹄，俗名火腿。其实是烟熏，不用火烤。腌制用的盐，一定要用台盐。熏制的烟，一定是松木燃烧的烟。又一种叫风蹄，不用盐腌，也叫淡腿，以浦江出产的最为盛行。"陈达夫的《药鉴》上说："浦江淡腿，比盐渍的火腿小，味道很淡，可以沏茶食用，叫茶腿。多年的茶腿，可以治血痢，开胃最有功效。"还有人说，几十条火腿中，必有一条狗腿。因为，开始腌腿的时候，不加上狗腿，就制不成功，所以贩卖火腿的人也非常珍视其中的狗腿，不肯轻易售出，偶然能买到的，味道特别美，这个说法不知道有什么根据。我从来不吃狗肉，即使得到狗腿，也不知道它的味道。地方志中记载的火腿很详细，但此物的起源从来没有考证。古今人的诗词中，也没有吟咏到火腿的。只有亡友吴巢松侍讲的诗集中，有《咏花猪肉》五古一首，很大方风雅，可惜我现在手头没有这本书。

海参、鱼翅 ①

《随园食单》言海参、鱼翅皆难烂，大凡明日请客，须先一日煨之，方能融洽柔腻。若海参触鼻、鱼翅跳盘，便成笑语。可谓言之透切。忆官山左②时，有幕客赴席回，余戏问："肴馔如何？"客笑曰："海参图脱拒捕，鱼翅扎伤事主，合座为之轩渠③不已。"惟随园谓鱼翅须用鸡汤、搀和萝卜丝漂浮碗面，使食者不能辨其为萝卜丝、为鱼翅。此似是欺人语，不必从也。随园又谓某家制鱼翅，单用下刺，不用上半原根，则亦是前数十年前旧话。近日淮扬富家觞客④，无不用根者，谓之"肉翅"。扬州人最擅长此品，真有沈浸浓郁⑤之概，可谓天下无双，似当日随园无此口福也。

【译】《随园食单》中说海参、鱼翅都不容易烂，一般第二天宴客的，必须在前一天就煨上，才能做得柔软细腻。假如在宴席上海参碰了鼻子，鱼翅跳出盘子，那就成了笑话了。这话可谓说得明白彻底。回想起在山东做官时，有一位幕客赴宴回来，我开玩笑地问他："席上菜肴怎样啊？"他笑着说：

---

① 鱼翅：这里指鲨鱼翅，现行法律法规规定禁止食用。

② 官山左：在山东做官。山左，旧称山东省。

③ 轩渠：欢笑的样子。

④ 觞（shāng）客：以酒宴招待客人。觞，以酒饮人或自饮。

⑤ 沈浸浓郁：沉浸，渐渍，渗透。原来比喻学力的深厚渊博，这里指滋味浓厚。

"海参想逃走还拒捕，鱼翅扎伤事主，在座的人因此大笑不已。"只有袁枚说鱼翅要与鸡汤、掺和萝卜丝漂浮在碗面上，使吃的人不能分辨出哪个是萝卜丝、哪个是鱼翅。这大概是骗人的话，不必听从。至于袁枚说某家做鱼翅，单用下刺，不用上半原根，这也是几十年前的旧话。近来淮扬富户，备酒席请客，没有不用根的，这称为"肉翅"。扬州人最擅长做此菜，吃起来味道醇厚，可以说是天下无双，大概袁枚当时还没有这个口福吧。

鹿尾

《随园食单》谓尹文端公品味，以鹿尾为第一。此固不待尹公而始知之也，特南方人未尝此味者，直不知耳①。余入直枢禁②，每冬间，辄得饱啖，自关口福。外宦③后，由清江浦④及山左、吴门亦皆得朵颐⑤。时清河夫人⑥皆随

---

① 特南方人未尝此味者，直不知耳：只是南方人没有吃过它才一直不知道罢了。

② 入直枢禁：入宫禁值班供职。

③ 外宦：离京到外地做官。

④ 清江浦：今江苏淮阴。

⑤ 朵颐：鼓动腮颊，嚼食。吃的意思。

⑥ 清河夫人：可能是作者的妻或妾。

任，并亲手奏刀①而薄切之，不烦厨子也。迨②擢③抚岭西④，虽去京师愈远，而本署折弁⑤往来，携带尤易，并可与幕客共尝之。余尝有句云："寒夜何人还细切，春明⑥此味最难忘。"桂林人传为名句。俯仰⑦今昔，不胜感慨系之，自归田以后，徒劳梦想而已。

【译】《随园食单》中说尹文端公品评味道，认为鹿尾为第一。这本来不是等到尹公说了我才知道的，只是南方人没有吃过它才一直不知道罢了。我自从到了京都的政府机关，每到冬天，就能饱餐鹿尾，当然这是口福。我到外地做官后，从清江浦到山东、吴门等地，也能吃到。当时清河夫人都随我到任职的地方，她常亲手用刀切成薄片，不麻烦厨师。待升迁到广西做巡抚，虽然离京师更远了，可是机关的公文传递，随着带来鹿尾尤其方便，并且可与幕客一同品尝。我曾有两句诗："寒夜何人还细切，春明此味最难忘。"桂林人曾盛传为名句。时间过得真快，现在回想起来，不胜感慨，自从辞官归田以后，鹿尾这样的美味，只有做梦妄想了。

---

① 奏刀：运刀。

② 迨（dài）：等到；达到。

③ 擢（zhuó）：提拔。

④ 岭西：地志书中无此名，按梁氏做官经历，应指广西。

⑤ 折弁（biàn）：信使武官。折，给皇帝的奏折。这里指公文。弁，旧时称低级武官。

⑥ 春明：唐都长安东正门，后用以指代京都。这里指作者在京都做官的时日。

⑦ 俯仰：低头和抬头，这里形容时间很短。

燕窝

　　随园论味，最薄^①燕窝，以为但取其贵，则满贮珍珠宝石于碗，岂不更贵？自是快论^②。而其撰《食单》^③又云："燕窝贵物，原不轻用，如用之，每碗必须三两。"则不但取其贵，而且取其多，未免自相矛盾矣。今人徒务^④其名，用三钱或五钱生燕窝铺于碗面，而以肉丝杂物衬之，竟似白发数茎，一撩不见。固形其丑，而必以三两为限，则无与于味之美劣，徒以财力相夸而已。今京师好厨子包办酒席，惟格外取好燕窝一两，重用鸡汤、火腿汤、蘑菇汤三种瀹^⑤之，不必再搀他作料，自然名贵无已；即再加数钱以见丰盛，断无须^⑥加至二两。若三两之说行，则徒为厨子生发^⑦，为厨下留余，何益于事？至言^⑧在广东食冬瓜燕窝，甚佳，则亦不可信。冬瓜无本性，亦无本味，不得谓之以柔配柔，以清配清。近人更以鸽蛋围其碗边，亦取柔配柔、清配清之

① 薄（bó）：轻视、看不起。

② 快论：快，形容好。快论，指高明的言论。

③ 《食单》：指《随园食单》。

④ 徒务：徒，只是，仅。务，追求。

⑤ 瀹（yuè）：煮。

⑥ 断无须：绝对不必要。

⑦ 生发：生发财之道。

⑧ 至言：至于说到。

意，皆于真味不加毫末①，更无谓矣！按燕窝一物，美劣悬殊，价值亦异，如广东、澳门及吾闽厦门所产，洁白不待言，而其丝之长，至与箸等，只须一两，即可充一碗而有余。此须相物②为之，如此燕窝必以三两塞一碗，则反讨太多之厌矣。

【译】随园评论菜肴味道，最看不起燕窝，认为只是取其价格昂贵，要是满碗都放上珠宝，岂不是更贵吗？这自然是袁枚的爽直议论。可是他在写《随园食单》时又说："燕窝贵物，不应用得少，假如要用，每碗必须三两。"这就不但要用贵物做菜，而且还要用得多，未免自相矛盾了。现在的人又只追求燕窝的名贵，用三钱或五钱生燕窝铺在碗面上，另用肉丝杂物衬在碗底，竟好像几根白头发似的，筷子一撩就不见了。这固然表现了他们的丑态，但要是一定以三两燕窝为限，那对于菜的味道美不美就并无关系，只是以财力来夸耀罢了。现在京师的好厨师包办酒席，只格外取上好燕窝一两，多用鸡汤、火腿汤、蘑菇汤三种汤煮，不再掺其他作料，自然名贵不已。假如再加上几钱燕窝，可以显得丰盛些，绝对没有必要加到二两。假如用三两的说法，就只是为厨师生发财之道，被厨师留下多余的，这有什么好处？至于说在广东吃冬瓜燕窝非常好，这也不可信。冬瓜本身没有什么特

① 不加毫末：意为在燕窝、鸽蛋本味之外，不加一点别的味道相佐。毫末，比喻极其细微。

② 相物：观察斟酌之意。

点、也没有什么味道，所以说不上以柔配柔、以清配清。现在的人还用鸽蛋围在盛燕窝的碗边，也取以柔配柔、以清配清的意思，都对菜肴的真味丝毫不会增加，就更没有意思了。燕窝这东西，质地好坏差别很大，价钱也大不一样。像广东省与澳门和我家乡福建省厦门出产的，非常洁白不说，燕窝丝长得有筷子那么长，只用一两，就可以做得满满一碗还有多的。这就需要根据物品的状况来定，假如这样的燕窝真以三两塞一碗，就反而会因太多令人感到厌烦了。

黄羊

余在兰州，饱食黄羊，所谓迤北①八珍也。佥②谓口外③之黄羊，则更肥美。元杨允孚《滦京④杂诗》云："北陲⑤异品是黄羊"即此。其状绝不类羊，而与獐⑥相似。许圭塘诗："无魂亦似獐"亦即此。惟獐角大而黄羊角小，又其尾

---

① 迤（yǐ）北：指北方地区。迤北，往北。

② 佥（qiān）：全，都。

③ 口外：我国长城以外的地区。长城关隘多以口为名，如张家口、喜峰口等。

④ 滦京：元上都的别称，因近滦河而得名。

⑤ 北陲：北方边疆。

⑥ 獐：兽名。一名麇（jūn），鹿属。似鹿而小，无角，黄黑色。作者说"獐角大"，误。

短而根白色，为差异。戴侗《六书故》^①直以黄羊为獐，误矣。按汉阴子方祀灶用黄羊，窃谓阴是贫家，祀灶安得此异品？考《尔雅^②·释畜》："羱^③羊黄腹"，阴所祀当是羱羊。而邵二云先生《尔雅正义》直以今之黄羊当之，恐误。《周礼》^④疏："《尔雅》：'在野曰兽，在家曰畜'。"黄羊其可畜乎？

【译】我在兰州，饱食黄羊，就是所说的北方八珍。人都说口外的黄羊更是肥美。元代杨允孚的《滦京杂诗》中说"北陲异品是黄羊"，就是指这东西。黄羊的外貌不像羊，和獐的样子差不多。许圭塘诗句"无魂亦似獐"也是指这个。只是獐的角大，黄羊的角小，它的尾短，尾的根部是白色，这是不同的地方。戴侗的《六书故》误将黄羊为獐。汉代阴子方祀灶用黄羊，我私下以为阴家境贫寒，祀灶的祭品能用这稀贵的东西吗？考证《尔雅·释畜》："羱羊黄腹。"阴所用的祭品可能是羱羊。而邵二云所著的《尔雅正义》认为今日的黄羊为羱，恐怕是错误的。《周礼》疏有："《尔雅》'在野叫兽，在家叫畜'。"黄羊可以家养吗？

---

① 《六书故》：元代戴侗撰。三十三卷，分为数、天文、地理、人、动物、植物、工事、杂、疑等九部。

② 《尔雅》：书名。秦汉间经师缀辑旧文，递相增益而成，不出于一时一手。《汉书·艺文志》著录二十篇。今本十九篇，晋郭璞注。

③ 羱(fán)：黄腹羊。

④ 《周礼》：书名。原名《周官》，西汉定名《周礼》。今本四十二卷，汉郑玄注，唐贾公彦疏。

靖远鱼

　　甘肃靖远①县黄河边，瘠区也。冬季黄河中所出小鱼，长不过三寸，县官取而腊②之，岁底，则以分饷省中各大吏及同官院司，每署二百尾；道署③、府署④，每署百尾；余以次而杀⑤，岁以为常。省中每以此为献岁美品，余循例收之。惟某制府⑥独峻却⑦焉。越日，余偶留制府晚餐，出此佐酒，制府食之而美，而誉不容口⑧，并诘所从来；次日即遣家丁⑨向余索此鱼，余合署食之以过半矣，乃以剩余五十尾献之。当时从县志中翻出其名，今久忘之，但呼为靖远鱼云。

　　【译】甘肃省靖远县地处黄河边，是个穷地方。冬季黄河所出产的小鱼，长不过三寸。县府机关的官长将鱼腌后风干，等到年底，就把鱼分送省机关高级官员及各级机关，每署两百尾；道署、府署，每署一百尾；其余低级的机关，依

① 靖远：县名。属甘肃省。黄河流经境内，邻接宁夏。

② 腊：晾干。

③ 道署：明、清时在省、府之间所设置监察区的办公机关。

④ 府署：明、清时省级所属办公机关。

⑤ 余以次而杀：其余的按等级减少。

⑥ 制府：知府，官名。明始以知府管辖州县，为府一级行政长官，清相沿不变。

⑦ 却：推却，不接受。

⑧ 誉不容口：赞美的话说不完。

⑨ 家丁：家仆。

次减少，每年都如此。省中每年把靖远鱼作为贺年礼品，我照例收下。只有某知府一人坚决不要。过了几天，我偶留知府吃晚饭，用靖远鱼做酒菜，这位知府吃后，觉得很好，并且一再夸奖，还问到它的产地。第二天就派家仆来向我要鱼，我们本署同人已经吃了一多半，就将剩余的五十尾赠给他。当时从县志中查出了此鱼的名称，现在早已忘了，姑且叫它"靖远鱼"吧。

黄河鲤

黄河鲤鱼，足以压倒鳞类，然非亲到黄河边，活烹而啖之，不知其果美也。余以擢桂抚，入觐①京师②，至潼关，即欲渡河，城中同官皆出迎，争留作晨餐。余曰："今日出门，甫③行二十里，不须早食，拟再行二十里，方及前驿午餐为宜。"费鹤江观察④曰："缘此间河鲤最佳，为他处所不及；且烹制亦最得法，不可虚过耳。"余乃从所请，入候馆⑤。食之果佳，当为生平口福第一，至今不忘。吾乡惟鲥

① 觐（jìn）：会见。

② 京师：首都的旧称。

③ 甫（fǔ）：刚，才。

④ 观察：清代对道员的俗称。

⑤ 候馆：接待宾客宿食的馆舍。

鱼可与之敌，而嫌其多刺，故当逊一筹^①也。京师酒馆中醋溜^②活鲤亦极佳，然风味尚不及潼关，殆以距黄河稍远耳。《随园食单》中独遗此味，实不可解。潼关固随园行滕^③所未到，而京中之活鲤，岂亦不足系其怀来乎？

【译】黄河鲤鱼，足可以压倒其他河鱼。然而如果不是亲自到黄河边吃活烹的鲤鱼，不然不会知道它的确美味。我因升迁做桂林巡抚，先到京师请示，过潼关，就要渡黄河时，城中官吏都出来迎接，争相挽留吃早餐。我说："今日出门刚走二十里，不必吃早餐，打算再走二十里，正好到前边驿站吃午餐合适。"费鹤江观察说："因为这里的河鲤最好，别处的比不了，而且烹制也最得法，不要白白路过这个地方啊。"我就答应了。住进旅馆吃黄河鲤鱼，果然味道佳美，当算是我生平的第一口福，至今不忘。只有我家乡的鲥鱼，可以同黄河鲤相媲美，而鲥鱼刺多，所以比黄河鲤要差一级。京师酒馆中有醋熘活鲤也非常好，可是风味不如潼关，可能是距潼关较远的缘故吧。《随园食单》中，唯独没有提到它，实在不可理解。潼关固然是袁枚没有到过的地方，可是京都酒馆所做的活鲤，难道也不足以引起他的好感吗？

---

① 逊一筹：差一等。逊，差。筹，竹木或象牙等制成的计数凭证。

② 醋溜：醋熘。

③ 行滕（téng）：绑腿布。这里指走过的地方。

土参

距温州府城数十里，为永嘉场滨海斥卤地^①，出一物，似鳆^②鱼，无头无足，色青而质亦较嫩，或云即小鲍鱼，又似无刺之海参。据土人云，其肚中具腑脏，须尽剔去，制食脆美，土人名之曰土参，以比之海参也。适与朋好作饤饾会^③，人各二味，重复者有罚，廖菊屏出此品，则不但从未入口，并从未闻名。署中多滨海客，携归示之，亦名不能识，其物当为《海错志》^④所不收也。

【译】离温州城几十里地，是永嘉场海滨盐碱地，出一物产，似鳆鱼，无头无足，颜色是青的，而质地也比较嫩，有人说就是小鲍鱼，又像没有刺的海参。据本地人说，这种鱼肚中有腑脏，必须全部剔除，用来做菜肴，味道脆美，本地人叫它土参，是拿它比作海参。我正要与好朋友举办聚餐会，每人出两道菜，重复的要受罚。廖菊屏出的这种鱼，我不但从来没有吃过，也从没有听说过。官署中的同人，有许多人是沿海的，我们把这种鱼带回家给他们看，他们也都不认识，这种海产品就是专门记述海产的志书恐怕也不收它。

---

① 斥卤地：盐碱地。

② 鳆（fù）：鲍鱼，又称"石决明"。鲜食、干制均可。

③ 饤（dìng）饾（dòu）会：这里指聚餐会。饤饾，食品堆叠的样子。

④ 《海错志》：记述海产品的书，作者具体指何书不详。清代郝懿行（作者同时代人）著《记海错》属此类著作。

波稜菜①

　　波稜菜，亦呼波菜。菜之至无味者也，而偏入《随园食单》，亦不可解。以余从不下箸，故家厨亦鲜购此物。自官京师，入枢直②，官厨乃顿顿有此，余以素不食，置之不论，而枢直前辈，有由外省大僚入觐者，往往留饭直庐③中，则无不询及此菜者，如姚亮甫、康兰皋二先生，尤喜食之，谓此及枢直中一佳品，相传数十年如是。及余同辈，无知此者，惟程春庐大理④尚能述其说。盖删尽旁枝，专留肥干，加以浓油，复多用上好干虾米炒之，其美处乃非常菜可比。余自是始得味而喜食之。偶还家，筹之厨下，则其无味如故。盖既不用浓油，又无多好虾米，且以为常菜忽之，撷⑤之不精，瀹之不净，又何能发其精英乎！前明说部⑥中载成祖微行⑦民间，食黄面豆腐干及此菜而甘之，询其名，店佣以"金砖白玉板，红嘴绿鹦哥"对，白玉板谓腐干，绿鹦哥即此菜。而《随园食单》中于"波菜"条下，谓杭人

---

① 波稜菜：亦作"菠棱菜"，菠菜。

② 枢直：中央机关。

③ 直庐：值班招待处。直，通"值"。

④ 大理：刑部司法官员。

⑤ 撷（xié）：摘取。

⑥ 说部：十三经以外的书籍。

⑦ 微行：皇帝为隐藏其身份便装出行。

名此为"金镶白玉板"自是偶误，以杭人述语，不应如此舛讹^①也。

【译】波稜菜，又叫菠菜，是蔬菜中最无味的，而偏偏被写入了《随园食单》，这也是件不可理解的事。因为我从来不吃，所以家中厨师也很少购买这种菜。自从在京师做官，到中央机关，机关食堂每顿都有菠菜。我因为从来不吃，所以也没有留意。可是机关里的前辈，有从外省来京朝见皇上的大官，也常常留在机关吃饭，没有不询问这个菜的。如姚亮甫、康兰皋两位先生尤其喜欢吃此菜，说它是京师中央机关食堂的佳品之一，几十年来都是如此。至于我的同事却没有知道这菜的，只有程春庐法官还能知道菠菜的做法，就是把菠菜的旁枝全除掉，专留肥大干叶，多用浓油，再多用上好干虾米炒，味道之美，不是一般菜肴可以比得上的。从此，我才知道这菜的味美，就喜欢吃了。偶尔回家叫厨师去做这菜，吃起来仍觉得像原来一样没有味道。原来是既不用浓油，又没有上好的虾米，并且一直把它看作普通菜而忽视它。因此，择洗不精细，烹制不干净，怎能把这菜的优点发挥出来呢！明朝的笔记小说里，记载明成祖便衣巡视地方，吃到黄面豆腐干和菠菜做的菜肴，觉得味美可口，问到菜名，店佣以"金砖白玉板，红嘴绿鹦哥"作答。白玉板就是豆腐干，绿鹦哥就是菠菜。而《随园食单》中的"波菜"条下说杭州人叫此

---

① 舛（chuǎn）讹：谬误。

菜为"金镶白玉板"，这自然是偶然的错误，袁枚是杭州人，是不应该出这个错的。

蕨菜

陶云汀先生最喜食蕨菜，或云其干者，即吉祥菜。余亦喜食之。忆与同官吴门时，每饭必具，而烹制尚未得其法。《随园食单》谓用蕨菜不可爱惜，须尽去其枝叶，单取直根，洗净煨烂，再用鸡肉汤，或煨或炒，自别有风味。按《食物本草》①云："此味甘滑，令人消阳道②，眼昏腹胀，非良物也。"陶公嗜此，未必不受其累。又此物不可生食。《搜神记》③载郗鉴镇丹徒④，二月出猎，有甲士⑤折一枝食之，觉心中淡淡，成疾后，吐出一小蛇，悬屋前，渐干成蕨。此生食之患，不可不知。

【译】陶云汀先生最喜欢吃蕨菜，有人说蕨菜干就是吉祥菜，我也喜欢吃。回想起我们同在苏州做官时，每顿饭都有蕨菜，虽然烹制还不太得法。《随园食单》中说用蕨菜不要爱惜，要把枝叶去净了，只留下主干，洗净煨烂，再用鸡汤，

① 《食物本草》：金代李杲著，二十二卷，是一本食疗著作。

② 消阳道：使人阳痿。

③ 《搜神记》：晋干宝撰，二十卷。六朝志怪小说集。

④ 丹徒：县名。在今江苏镇江东南。

⑤ 甲士：兵士。

或煨或炒，自然别有风味。据《食物本草》上说："蕨菜性甘滑，多吃会使男人阳痿，眼昏腹胀，不是好东西。"陶先生爱吃，未必不受其害吧。再者此物不可生吃。《搜神记》记载：郗鉴镇守丹徒，二月时去打猎，有一位兵士折了一枝蕨菜，吃后心里倒不觉得怎样，可是得一场病后，吐出一条小蛇，把它挂在屋前，慢慢干后，变成了蕨菜。这就是生吃的害处，不可不知。

白菜

北方白菜，以安肃县①所出为最。闻县境每冬必产大菜一本②，大可专车，俗名之"白菜王"，必驰以首供玉食③，然后各园以次摘取。山左所产犹佳，迤南则其味递减，惟吾乡浦城④所产，尚具体而微⑤；广西柳州所出，亦略与北地相仿。近吾乡永福⑥亦产此，俗呼为"永福白"，较胜于浦城。去冬余薄游温州，有以山东白菜相馈者，皆以永福白充数。盖福州由海舶来者，南风三日即至，而天津、山东之海

① 安肃县：今河北徐水。

② 一本：草木一株，这里指大白菜一棵。

③ 供玉食：玉食，珍美的食品。供玉食，指贡献给皇家吃。

④ 浦城：县名。在福建北端，邻接江西、浙江两省。

⑤ 具体而微：内容大体具备而形状或规模较小。这里是差不多的意思。

⑥ 永福：本侯官、尤溪二县地，宋代称永福，明、清皆属福建福州府，后改为永泰县。

舶，向不入瓯江①也。此菜以吴红生太守②所制为最著，同人皆赏其菜中尚带辣味，而不知其暗搀生萝卜耳。

【译】北方白菜，以安肃县（今河北徐水）出产的最有名。听说县里每年冬季必有一棵，大到可一车装下，俗名叫“白菜王”，一定赶快先送到京师，进贡给皇宫，然后各菜园就陆续收白菜。山东出产的尤其好，越往南白菜的味道就越逊色，只是我家乡浦城（福建北）出产的，大致还可以。广西柳州出产的，也与北方产品有点相似。近来我家乡永福也出产大白菜，俗称“永福白”，比浦城的好些。去年冬天我小游温州，有人送给我山东白菜，全都用永福白充数。大概是由海路从福州运来的，乘南风三天就到。而从天津、山东来的海船，向来不进瓯江。烹调白菜以吴红生知府家中做得最好，大家都欣赏那菜里还有辣味，却不知道那里面掺了生萝卜呢。

瓢儿菜

瓢儿菜惟江西与南京有之，其质与北方白菜相似，而风味各别。近人烹制多不得法，即《随园食单》盛称干炒菜心之佳，亦未尽其味也。余在京师，与同年③作消寒会④，惟南

---

① 瓯（ōu）江：江名。在浙江东南境，也称永嘉江、永宁江、温江、慝江。

② 太守：明、清时专指知府。

③ 同年：科举考试同榜考中的人。

④ 消寒会：旧俗冬至后，邀集朋友，轮流做东的宴会。

昌黄俊民观察煨此独美，与煨白菜略同。自出京后，此味遂成《广陵散》①矣。

【译】只有江西与南京有瓢儿菜，其特性与北方大白菜近似，然而风味各有不同。现在的人烹制它多不得法。就连《随园食单》中极力称赞的干炒菜心也没有完全达到最好的味道。我在京师时，与同年举办消寒会，只有南昌黄俊民观察煨瓢儿菜，大得其味，与煨白菜略同。自离开京师后，这味道也就再也尝不到了。

芥蓝菜

芥蓝菜本闽产蔬品中之最佳者，而他省无之。然吾乡人仕宦所至，率多于廨②中隙地种植。近闻京官宅中，亦多种此，他省人亦喜食之。按《群芳谱》③载："擘蓝，一名芥蓝，芥属，南方人谓之芥蓝，叶可擘④食，故北人谓之擘兰。叶大于菘，根大于芥苔，苗大于白芥，子大于蔓菁⑤，花淡黄色。"余就养东瓯，曾从吾乡人吴云峰乞得数根，种

---

① 《广陵散》：琴曲名。散，曲类名称，如操弄、序、引之类。三国魏嵇康善鼓琴，景元三年被杀。临刑索琴奏《广陵散》，曲终，叹曰："袁孝尼（准）尝从吾学奏《广陵散》，吾每固之不与，《广陵散》于今绝矣！"后来用以比喻失传的东西。

② 廨（xiè）：古代通称官署。

③ 《群芳谱》：明代王象晋撰。关于植物的记述，三十卷，略于种植而详于艺文。

④ 擘（bāi）：同"掰"，用手把东西分开。

⑤ 蔓菁：芜菁，根和叶做蔬菜，鲜食或盐腌、制干后食用。

于后圃。每觞客，辄出此佐食，众以为美。或曰此即《鹿鸣》诗[1]所谓蒿也，未知然否。《群芳谱》引苏诗云[2]："芥蓝如菌蕈。"亦未知即此物否。客中无书，俱无以考之。

【译】芥蓝菜是我们福建省蔬菜品中最好的一种，而其他省没有。然而我家乡的人做官所到各地，大都在官府中的空地上种植；近来听说京师官府与住宅中，也多种植芥蓝，别省的人也喜欢吃。按《群芳谱》中记载："擘蓝，也叫'芥蓝'，芥属，南方人叫芥蓝。叶子掰下来吃，所以北方人叫擘兰。它的叶子大于白菜，根大于芥苔，苗大于白芥，子大于蔓菁，花为淡黄色。"我在温州儿子家养老，曾向同乡吴云峰要来几株，种在后院菜地，每招待客人，常常用它下饭，大家都认为好。有人说它就是《诗经·小雅·鹿鸣》中所说的"蒿"，不知道对不对。《群芳谱》中引苏东坡诗说："芥蓝如菌蕈。"也不知道是不是这个东西。我旅居在外，手头没有书，无法详考了。

---

① 《鹿鸣》诗：《诗经·小雅·鹿鸣》有"呦呦鹿鸣，食野之蒿"句。

② 引苏诗云：见《苏轼诗集》卷三十九《雨后行菜圃》："芥蓝如菌蕈，脆美牙颊响。"

食单四约

郎仁宝曰："食为人生大计，况年老者尤所宜讲。尝见一书云：'食烂则易咀嚼，热则不失香味。'余更为益二语云：'洁则动其食兴，少则不致餍饫^①。'尽之矣。"忆余藩牧^②吴中时，韩桂舲尚书^③与石琢堂廉访^④、朱兰坡侍讲举消寒会，有食单四约，云：早、少、烂、热，即与前人之论恰合。洁字所不待言，而早字尤与老年为宜也。是时韩与石皆大年^⑤，善颐养^⑥，约同人各以诗纪之。余诗云："振衣^⑦难俟^⑧日高舂^⑨，速客盘筵礼数恭。朝气最佳宜燕衎^⑩，寒庖能俭亦从容。午餐迟笑雷鸣腹，卯饮^⑪清如雪饫胸。触我春

---

① 餍饫（yù）：饱。这里指过饱。

② 藩牧：藩司，或称藩台，明、清时对布政使的别称。主管一省人事与财务。

③ 尚书：官名，清末改官制并六部，改尚书为大臣。

④ 廉访：清代对按察使的尊称。

⑤ 大年：高龄。

⑥ 颐养：保养。

⑦ 振衣：抖衣去尘，这里指整装赴宴。

⑧ 俟（sì）：等待。

⑨ 高舂：傍晚时分。

⑩ 燕衎（kàn）：宴会欢乐。燕，同"宴"。衎，快乐。

⑪ 卯（mǎo）饮：早晨饮酒。卯，指早晨五点到七点。白居易《卯饮》诗："卯饮一杯眠一觉，世间何事不悠悠。"又《卯时酒》："未如卯时酒，神速功力倍。"

明旧时梦，禁①庐②会食正晨钟（早）。百年不厌腐儒餐③，方丈④能无愧此官？五簋⑤好遵先辈约，万钱⑥休议古人单。艰难食货应加节，真率宾朋⑦易尽欢。愿与吴侬⑧返淳朴，岂徒物命慎摧残⑨（少）。无烦砺齿⑩要和脾，老去都存软饱⑪思。莫等熊蹯⑫滋口实，何妨羊胃⑬混时宜。调和烹饪皆

① 禁：禁止通行。

② 庐：房屋。

③ 腐儒餐：贫寒儒生吃的饭菜。见杜甫诗句："竟日淹留佳客坐，百年粗粝腐儒餐。"

④ 方丈：《孟子·尽心下》："食前方丈，侍妾数百人……"比喻奢侈。

⑤ 五簋（guǐ）：五碗，指五道菜。宋代司马光罢政在洛阳，常与故老游集，相约酒不过五行，食不过五味，号真率会。五簋，五味。

⑥ 万钱：西晋丞相何曾饮食奢侈，"日食万钱，还说无下箸处"。

⑦ 真率宾朋：见"五簋"注。真率，《宋书·陶潜传》："贵贱造之者，有酒辄设，潜若先醉，便语客：'我醉欲眠，卿可去。'其真率如此。"

⑧ 吴侬：指吴人。吴地称己或称人皆曰侬。

⑨ 物命慎摧残：《庚溪诗话》载："蔡元长（蔡京）既贵，享用侈靡，喜食鹑，每膳杀千余。"故当时有"作君羹中肉，一羹数百命"之说。

⑩ 砺齿：锋利的牙齿。砺，原意为磨刀石。

⑪ 软饱：饮酒。苏轼诗《发广州》"三杯软饱后，一枕黑甜余。"自注："浙人谓饮酒为软饱。"

⑫ 熊蹯：熊掌。《左传文元年》："冬十月，（楚太子商侯）以宫甲围成王。王请食熊蹯而死，弗听。"注："熊掌难熟，冀久将有外援。"

⑬ 羊胃：《后汉书·刘玄传》载：长安人讥笑当时滥授予小人官爵，有"烂羊胃，骑都尉。烂羊头，关内侯"之谣。

归《礼》①，歌咏燔②炮③本入《诗》④。仙诀也须凭火候⑤，漫夸煮石⑥便忘饥（烂）。大都作法不宜凉，何况'尊生服食方⑦'。悦口⑧本无嫌炙手⑨，平生刚好称披肠⑩。残杯⑪世界春常驻，冷灶⑫门风客共忘。独有名场⑬惭翕翕⑭，年来肝肺已如霜（韩文。'不为翕翕热'杜诗'回首肝肺热'）（热）。"时吴棣华同年亦有作，与余诗皆为吴民传诵。

【译】郎仁宝说："吃是人生大事，何况年老的人更应

① 《礼》：指《周礼》《礼记》《仪礼》，三礼中有关于调和烹饪的记载。

② 燔（fán）：烧。

③ 炮（páo）：烧烤。

④ 《诗》：指《诗经》。《诗经》中有关于烹饪的记载，如《小雅·楚茨》有"醓醢以荐，或燔或炙"；《鲁颂·閟宫》有"毛炮胾羹，笾豆大房"；《小雅·瓠叶》有"有兔斯首，炮之燔之"。

⑤ 仙诀也须凭火候：指苏轼的《食猪肉诗》中有"慢着火，少着水，火候足时他自美"句。

⑥ 煮石：东晋葛洪的《神仙传》中记有白石先生常煮白石为粮。又，焦先"常食白石，以分与人，熟煮如芋，食之"。

⑦ 尊生服食方：指明代高濂著的《遵生八笺》中的《饮馔服食笺》。尊生，同"遵生"，养生也。道家用语。

⑧ 悦口：适口。《山家清供》："（宋）太宗问苏易简曰：'食品称珍，何者为最？'对曰：'食无定味，适口者珍。'"

⑨ 炙手：火焰灼手。炙手可热，原比喻权势和气焰之盛。这里指热。

⑩ 披肠：披心，披襟，披怀。比喻以诚相待或舒畅心怀。这里是舒畅心怀的意思。

⑪ 残杯：残杯冷炙，原指豪门富家的施舍。这里指晚年退休饮酒。

⑫ 冷灶：久不生火的灶。表示家境贫寒。

⑬ 名场：科举时代的考场，也泛指争名夺利的场所。

⑭ 翕（xī）翕：聚合，趋附的样子。

当讲究。曾看过一本书上说：'食物做得烂就容易咀嚼，热就能保持香味。'我再给加上两句：'洁净能引起食欲，量少就不会过饱。'这四句，对于饮食要点，全说到了。"回想我在苏州做布政时，韩桂舲尚书和石琢堂廉访、朱兰坡侍讲举办消寒会，拟出的食单有四个约定，即"早、少、烂、热"，这同古人所说正相符合。洁字不用说了，早字更是老年人最相宜的。当时韩与石两位全是高龄，很善于保养，约大家在宴会上作诗留纪念。我的诗如下："整装好了不能等到傍晚才开宴，快一点摆好酒菜才是礼节。早上是最适合宾朋饮宴的时候，我家厨房做的菜不多所以不慌不忙。午餐备晚了，肚子就咕噜咕噜叫，喝了早酒感到心胸凉爽。使我回想起在京师做官时，早晨钟响，在宫内会餐的情景（早）。我永不会厌弃粗茶淡饭，做了官就大吃大喝，能不惭愧吗？我们要像老前辈司马光那样约定不超过五道菜，不要学何曾那样奢侈。食物的来源艰难，应当节约，好朋友在一起随随便便才会尽情舒畅。我们愿和当地老百姓一样简朴，这不仅仅是为了少杀生的缘故（少）。吃菜用不着费劲咀嚼，又容易消化吸收，老年人还总想喝一点酒。熊掌虽好吃，可是不容易烂，太费时间；羊胃虽然凡俗，可是容易煮烂，倒也可取。烹饪调和的道理，《周礼》都谈到了，《诗经》也常常歌颂美馔佳肴。苏东坡有诗说人们煮肉妙法主要靠火候，关于说把石头煮烂当饭吃，那是随便说说的神话而已（烂）。做凉菜吃是不合适的，而且饮食要按养生规则去行事。可口的菜不妨烫一些，我一向认为这样吃才心情舒畅。大家在晚年一起喝喝酒是很愉快的，好在我们都已不是往日清贫的光景。只是为了官场中追逐名利而奔忙，实在没有意思，这些年早没有那种心思了（热）。"当时吴棣华同年也作了诗，和我的诗一道为苏州人所传诵呢。

鲥鱼

廖菊屏守备①连日招客看花，皆郡署中同人也。余适新获江鲥一尾，即以赠之，俾佐一觞并叠前韵②索和云："莫嫌一尾到珊珊，助尔欢场锦簇团③。此物由来关宦味，卅年世态静中看。""眼福还兼口福忙，醉乡胜否黑甜乡④。嘉鱼名卉偏多刺，莫怪题诗易感伤。"忆自卅余年外宦后，凡遇鲥鱼，率皆属吏争先呈献，即同人往复投赠，亦取自官中而已足，从未破费囊中一钱，辞官以来乃反是，故前诗三、四句戏及之。又蔷薇多刺，鲥鱼亦多刺，二物巧值一时，故后诗三、四句戏及之。

【译】廖菊屏守备一连几天请客赏花，所请的全是郡署

---

① 守备：清代绿营统兵官，位在都司之下，为五品武官。

② 叠前韵：赋诗重用前韵。

③ 锦簇团：花团锦簇，比喻繁盛艳丽的景象。

④ 黑甜乡：梦乡。形容酣睡。

中的同事。我正巧得到江产鲥鱼一条，就送给他，使宴席上多一道菜肴，并和前韵附诗一首："不要嫌这尾鱼送来的时间迟了，就为您欢乐饮宴来助兴。鲥鱼一向是官场宴会用菜，三十年来的社会风气我一直冷眼旁观。""人们赏花是眼福，吃鲥鱼是口福。我不知道是难得糊涂的醉乡好，还是漆黑甜美的梦境更好一些？好鱼与名花都是有刺的，难怪在赞颂它们的时候心里又不自在。"我自离京在外做官三十多年，每次得到鲥鱼都是部下属员争着赠送的，以及同级别的官往来互相赠送，也有由公款支付的，就已经够了，从没有破费个人的钱。辞官以后，情况可就不一样了。所以前一首诗的第三、四句，为此而发。鲥鱼多刺蔷薇也多刺，正好又是同一个时令的物品，故后面那首诗的第三、四句为此而发。

瓯江海味杂诗

余就养东瓯已逾年，所尝海味殆①遍，实皆乡味也，以久宦于外，乃久不得尝耳。昔朱竹垞②先生客永嘉③数日，有《海味杂咏十六首》，余曷敢④比竹垞，而口腹之好同之，

---

① 殆（dài）：几乎；差不多。

② 朱竹垞：朱彝尊（1629—1709年），清朝浙江秀水人，字锡鬯，号竹垞。康熙时举博学鸿词科。

③ 永嘉：县名，在浙江东南部、瓯江下游北岸。

④ 曷（hé）敢：何敢。曷，何。

因亦随物缀以小诗，而名号各殊，并各赘数言为小引，俾观者有所考焉。

王瓜鱼：此鱼以四月王瓜生时出，吾乡因呼为王瓜，亦称瓜鱼；而他乡人多呼为黄瓜鱼，因复称为黄鱼。皆误也。其实古名石首鱼。"瓜鱼乃常馔，甘美而清真。长年有如此，何烦梦鲈莼？"瓯江长年有此，即吾闽亦不能也。

鳗鱼：此海鳗也，瓯人多不敢食，小者间以充馔，稍大即鲞^①之，故大鲜鳗颇难得也。"河鳗我所戒（河鳗即白鳝，吾乡呼为壮鳗，近年始与黄鳝同入戒单云），海鳗我所嗜。瓯人戒鲜食，咄哉不知味！"

鲥鱼：鲥鱼冬出者愈美，吾乡间亦有之。昔人谓鲥鱼以夏时出而名，疏^②矣。余今岁于重阳前，对菊花置酒赏之，足增诗事矣。"蒸鲥赏牡丹（吾乡每以四时土物与四季名花一一相配，置酒赏之为韵事，如鲥鱼配牡丹，荔枝配荷花，蟹配菊花，蛎配梅花也），吾乡乐事仅。奇哉菊花天，兼有持螯韵。"

带鱼：此与吾乡同，而阔且厚者颇难得。"带鱼如带长，我但求其宽。烹制倘如鲥，美堪佐春盘^③。"此鱼家人率以常馔忽之，余尝为友人留饮，以白糟猪脂，同蒸鲥法治

① 鲞（xiǎng）：剖开晾干的鱼。

② 疏：疏忽；粗心。

③ 春盘：古俗于立春日，取生菜、果品、饼糖等置于盘中为食，取迎新之意，称为"春盘"。这里泛指宴席上的菜肴。

之，乃美不可言。

鮔鱼①：鮔鱼俗名"锅盖鱼"，肖其形也。其美全在肝，他乡人鲜知味者，此间厨子亦剔去之。"鳞族乃无鳞，厥形亦可吓。谁知美在肝，不减河豚白。"肝金黄色，其味酷似河豚白，其性亦略相同，余尝呼为鮔鱼黄，恰可对河豚白也。

鲙残鱼②：吾闽长乐③、福清④有之，别有土名，有声无辞，莫能译以上纸也，此间乃呼为龙头鱼。"鲙残名最古，《方言》莫能收。冰肌复玉质，如何称龙头？"《正字通》⑤有此名，吾乡干者亦名龙头鮰。

鲎⑥：瓯人多不敢食，嫌其形也。烹法亦难，厨子多为之束手。"鲎帆如便面，离奇形可憎。烹制亦实难，安得天厨⑦星？"鲎尾最佳，然烹制实难得好手。

蛎：此吾乡所谓石蛎，滨海皆有之，总不及长乐所产之丰美，而其味则略同，入秋即登市也。"蛎房海之美，当冠

---

① 鮔（gǒng）鱼：俗名"锅盖鱼"。

② 鲙残鱼：鱼名。形状如银鱼而大，今通称"银鱼"。

③ 长乐：县名。在福建东部沿海，闽江口南岸。

④ 福清：县名。在福建东部沿海。

⑤ 《正字通》：字书十二卷，明末张自烈撰。

⑥ 鲎（hòu）：动物名。也称"东方鲎""中国鲎"。可供食用。

⑦ 天厨：本是天龙座内星名。后来人们常解为天上的厨房，称美味之食"出自天厨"。

加恩簿^①。吴航与新溪，甲乙未易谱。"蛎房以吾长乐县海壖^②所种为最美，而《天中记》^③称乐清县清溪口有蛎屿，方圆四十亩，四面皆蛎，其味偏美。余至温州匝年^④，并未得尝，以问乐清尹蔡琪，亦莫能答也。

蛏^⑤：此与吾闽同，而其质较小。忆小住扬州时，杨竹圃亲家由盐城寄惠玉箸蛏，食之绝美，今一海相通，而此味渺不可得矣。"蛏味次于蛎，佐馔亦所宜。独惜水晶人，继见意无期。"在扬州时，以玉箸蛏分饷吴笏庵（京兆），承和诗，以"白角衫里水晶人"为比。

蚶：瓯江多蚶，入秋即登市，但丰美不及奉化^⑥所产耳。"瓯江颇多蚶，登盘甫新秋。但不及奉化，饱餐敢多求？"

---

① 加恩簿：五代陶谷《清异录》有"水族加恩簿"条，谓"吴越功德判官毛胜（晋陵人，字公敌）多雅戏，以地产鱼虾海物，四方所无有，因造《水族加恩簿》，品叙精奇"。作者假托海龙王之名，给许多海产封以官爵，如封江珧叫"玉桂仙君"、章鱼叫"忠美猴"、梭子蟹叫"爽国公"等。

② 海壖（ruán）：海边的空地。壖，河边地，或谓空地。

③ 《天中记》：明代陈耀文撰，六十卷。因所居近天中山，故名。其书援引颇丰，在明人类书中体裁较为完善。

④ 匝（zā）年：一周年。匝，环绕一周。

⑤ 蛏（chēng）：一种软体动物，贝壳长方形，淡褐色，生活在沿海泥中，肉味鲜美。

⑥ 奉化：县名。在浙江东部沿海。

石蜐①：郭景纯②《江赋》云："石蜐应候而扬葩③。"注引《南越志》④云："石蜐形如龟脚，得春雨则生花。"江淹⑤赋云："一名紫䖆⑥。"《平阳县志》云："一名仙掌。"皆肖其形也。"石蜐即龟脚，其形似笔架。粗皮裹妍肉，难免厨子诧。"上层如笔，下层皮甚粗，剥之则内肉绝白而嫩，温州厨子不谙⑦制法，诡言海中所无，强之，始购于市也。

蟳⑧：蟳为海蟹，蟹为湖蟹。蟳性甘平，蟹性峭冷，人人知之，而瓯人群呼蟳为蝤蛑，且变其声为蝤蠓，则殊可笑也。"蟳乃海中蟹，其性殊甘平。沿讹称蝤蛑，坡公语可凭。"坡公尝言，读山谷诗文，如食蝤蛑，令人发风动气，今食蟳者，殊无此患。又吕亢《蟹图记》称，蟹有十二种，一曰蝤蛑，两螯大而有细毛，八足亦有微毛。今蟳二螯八足，皆极红润，无毛，是蟳与蝤蛑迥为二种，不能强合。特

---

① 石蜐（yòu）：俗名为佛手贝、龟足、狗爪螺、鸡冠贝、观音掌。

② 郭景纯：郭璞，东晋文学家，训诂学家。河东闻喜（今属山西）人。今存其所作《尔雅注》三卷，刊入《十三经注疏》中。

③ 葩（pā）：花。

④ 《南越志》：南越地方志。南越，古族名，国名。古代南方越人的一支，也作南粤。

⑤ 江淹：南朝梁文学家，字文通，济阳考城（今河南兰考东）人。赋以《恨赋》《别赋》较有名。

⑥ 䖆（xiāo）：同"蘜（xiāo）"，一种香草，白芷。

⑦ 谙（ān）：熟悉。

⑧ 蟳（xún）：蝤（yóu）蛑（móu），俗称青蟹、梭子蟹。

著之以正告瓯人云。

蠘①：蠘与蟳相似，亦产于海，而性独冷，其味亦少逊于蟳，若以椒盐拌之为腥②，则殊可口。"蠘亦海蟹族，性异美复减。腥盘加椒盐，风味转不浅。"可以酒醉，可以糟腌，加之椒末，不嫌其冷。

蛇③血：此真蛇血也，闽、瓯海中皆有之。若吾乡所谓蛇血，则海蜇之腹下红肉，与此迥别④。此物鲜者未得见，腊之可以行远，外人不知为何物矣。"水母且有血，《食单》所未详。瓯俗亦珍此，令人梦江乡。"

乌贼：即墨鱼，浙东滨海最尚此，腊以行远，其利尤重，其味亦较鲜食者为佳。"乌贼即乌鲗，吾乡称墨鱼。沿讹作明府⑤，县官亦何辜！"瓯人呼此为明府，初不知其故，或以为腹中有墨，比县官之贪墨者，以县官率称明府也，余已于《丛谈》中辨之。顷阅《七修类稿》⑥，云乌贼鱼暴干，俗呼螟脯⑦，乃知此称前明已然，今人不考，但循其声讹为明府耳。

---

① 蠘（jié）：梭子蟹的一种。

② 为腥：这里是做成炝拌菜的意思，加点作料生吃。腥，通"生"。

③ 蛇（zhà）：海蜇。

④ 迥（jiǒng）别：明显不同。

⑤ 明府：从唐代起，县令又称明府。

⑥ 《七修类稿》：明代郎瑛撰，共五十一卷，续稿七卷，分天地、国事、义理、辩证、诗文、事物、奇谑七门，引证类广。

⑦ 螟（míng）脯：墨鱼的干制食品。经剖开去掉内脏后晒干而成。

【译】我在温州生活已经一年多，所有海味差不多都吃到了，实际上都是我家乡的风味，因为长期在外做官，很久吃不到罢了。从前朱竹垞先生客居永嘉几天，作有《海味杂咏十六首》，我哪里敢比竹垞先生，只是都喜欢吃罢了。现在我也给下述的每一种海味缀上小诗一首。由于海味的名称不一样，所以又在每首诗前加上小引，以便读者参考。

王瓜鱼：这种鱼在四月王瓜成熟时出现，所以我家乡叫它王瓜鱼，也叫瓜鱼；而外地人多叫它黄瓜鱼，又叫它黄鱼。这都是不对的。实际上它在古代叫石首鱼。诗曰："瓜鱼是普通的海味，味道鲜美又醇正。如果每年都能吃到它，何必还去梦想鲈鱼莼羹！"温州长年有这种鱼，我家乡福建却不是长年都有。

鳗鱼：这里是指海鳗，温州人多不敢吃，小的鳗鱼偶尔吃吃，稍大一点的就被晒干收藏起来，所以大的鲜鳗鱼很难得。诗曰："河鳗我是不吃的（河鳗就是白鳝，我家乡叫壮鳗，近年来我才将它与黄鳝一起列在戒食单中），海鳗我喜欢吃。温州人却不吃鲜活的，这么好吃的东西居然不知道吃，真奇怪！"

鲥鱼：鲥鱼以冬天的最鲜美，我家乡也偶然能有。过去有人说鲥鱼以夏天为出产时令，所以叫这个名字，这是疏忽。我今年于重阳节前，置名酒观赏菊花，又吃到鲥鱼，这助发了诗兴。诗曰："清蒸鲥鱼赏牡丹（我们家乡，常以四时应期的食物与鲜花互相配合起来欣赏，认为这是风雅的事，如鲥鱼配牡丹、荔枝配荷花、蟹配菊花、蚝配梅花等），我家乡的乐事就数这个最好。奇妙的是现在九月赏菊花的时节，同时又能品尝螃蟹的美味。"

带鱼：温州所产的与我家乡的一样，但是又宽又厚的很难得到。诗曰："带鱼长得像长带似的，我只要宽的带鱼。假如烹调像鲥鱼一样，那么这个佳肴可以为春盘增美了。"我家人认为带鱼是普通的鱼，不重视它。我曾经用带鱼和朋友一起下酒，用白糟猪油为作料，以清蒸鲥鱼的方法来烹制，更是说不尽的味美。

鮸鱼：鮸鱼俗名叫"锅盖鱼"，因为它的形状像锅盖似的。此鱼的味美全在肝上，外地人很少知道它味美在什么地方。这里的厨师，也都将肝剔去。诗曰："它属于鱼类可是没有鳞，形状是够吓人的。一般人不知道它的肝最美味，跟河豚白差不多。"鮸鱼的肝是金黄色的，味同河豚白差不多，性也略同，我曾叫它鮸鱼黄，与河豚白正可匹配。

鲙残鱼：在福建长乐和福清有这种鱼，另有地方性口语名称，但是没有文字记载，不知道怎么写，这里叫它龙头鱼。诗曰："鲙残鱼古代就有了，《方言》没有收录它。这种鱼肉质洁白似冰如玉，为什么偏偏叫它龙头呢？"《正字通》中有此鱼名，在我们家乡晒干了的叫"龙头鮯"。

鲎：温州人大多不敢吃，因为嫌它的形状难看，烹调也不容易，很多厨师拿它没有办法。诗曰："鲎鱼像帆又像团扇似的，样子既这样怪。烹调又很难，只能请天上的神厨来做了。"鲎鱼是好食品，只是很难找到高明的厨师来烹制。

蛎：这就是我们家乡所说的石蛎，海滨地带都有，但都不如长乐县出产的肉厚美观，吃起来味道则是一样的。入秋以后就上市了。诗曰："蛎是海产美味，应该封以官爵。评比起来，吴航与新溪两地所产的，实在不分上下。"蛎以我省长乐县海边产的味最美。在《天中记》中说：乐清县清溪口有一处产蛎的小岛，方圆大约有四十亩，四面都是蛎，那里出的蛎味道特美。我到温州一年了，并没有尝到，曾问过乐清县令，他也不知道。

蛏：温州出产的蛏与福建的一样，就是略小一些。回忆我在扬州小住时，杨竹圃亲家从盐城寄赠给我有名的玉箸蛏，味道非常美，从那儿到这里只隔一段海路，可是这种美味现在吃不到了。诗曰："蛏的味道虽不如蛎，作为佐餐的肴馔也是很多的。可惜那水晶人似的美味，不知道什么时候才能吃到。"我在扬州曾将玉箸蛏分送吴筠菴，他唱和的诗中有一句"白角衫里水晶人"。

蚶：浙江蚶很多，立秋后就上市了，可是不及奉化的丰美。诗曰："瓯江出产很多蚶，做成佳肴装盘时正是新秋之季。但它不如奉化的好，不过吃得饱饱的，还能再求多吗？"

石蜐：郭景纯的《江赋》中说："石蜐等到春雨时，就开花。"《江赋》的注引《南越志》说："石蜐的形状像龟脚，春天下雨的时候，就发育得像花的形状。"江淹赋说："它又叫紫蕚。"《平阳县志》上说："它又叫仙掌。"都是从它的形状得名的。诗曰："石蜐就像龟脚似的，它又像笔架。粗皮里面有白嫩的肉，难怪使厨师惊异了。"石蜐上层像笔架，下层的皮非常粗，剥去厚皮以后，里面的肉洁白鲜嫩。温州厨师不知道怎么做，常常推说海里不出产，再三强求他，才从鱼市上买来。

蟳：蟳是海蟹，我们通常说的蟹是湖蟹。蟳性甘平而蟹性寒这是众所周知的事，而温州人都管蟳叫蝤蛑，并转音叫蝤蠓，这很可笑。诗曰："蟳是海洋中的蟹，它的属性是甘平的。长期以来读走了字音，叫作蝤蛑，苏东坡的话可以为证。"苏东坡曾经说：读黄山谷的诗文，好像吃蝤蛑，叫人情感激动，现在吃的人，就没有这情形了。吕亢《蟹图记》中说：蟹有十二种，有一种叫蝤蛑，两只大螯表面上还长着细毛，八只脚上也长着微毛。蟳是二螯八足，颜色红润，表面无毛。这说明蟳和蝤蛑是两个不同的种类，不能硬说是一种。需要在此说明，以正告温州人。

蟚：蟚同蟳差不多，也是海产品。此物性寒，味道比蟳差一些，如果用椒盐做炝拌菜，就很好吃。诗曰："蟚也是海蟹的一种，性质不同于蟹，味道也差些。生吃拌上花椒和盐，风味就大大提高了。"此物可以用酒醉，也可以糟腌，加上些花椒末可以克制它的寒性。

蛇血：这是指真正的海蜇蛇血，在福建省和温州的海域中都有。我家乡说的蛇血，是海蜇腹下的红肉，与此物明显不同。蛇血鲜的很少见，把它干制以后，运到较远的外地，外地人就不知道它是什么东西了。诗曰："水母还有血？《随园食单》中没有记载。温州人也把它当作珍品，它会叫人引起乡思。"

乌贼：就是墨鱼，浙江海滨地带很重视这种海产。把它干制以后，卖到外地，可以赚大钱，味道也比吃鲜的好得多。诗曰："乌贼就是乌鲗，我们家乡叫墨鱼。人们以讹传讹地称作'明府'，这不是糟蹋县太爷吗？"温州人把乌贼叫作明府，我原先不知道为什么，也许因为此鱼肚中有墨，用来比喻县官的贪污，而明府常用来称县官的。我在《浪迹丛谈》中曾作了说明。现在看到《七修类稿》中说，乌贼晒干以后，俗名叫螟脯，这才知道这个称呼，原来明朝就有了。现在的人了解得不详细，就顺着这声音错叫成明府了。

鲥鱼

居扬州日，偶以江鲥二尾献阮云台师，师以手柬①报

---

① 手柬：亲笔信。柬，通"简"，信札。

之，曰："此鲥鱼即《尔雅》之鲦①，当鲏②。曾考之否？"余行箧③无书，以属黄右原比部④；右原作鲦鲏说，甚详。按：鲥或作鲥，通作"时"，见《韵会》⑤。《尔雅》："鲦，当鲏。"注："海鱼也。似鳊而大鳞，肥美多鲠⑥。"《集韵》⑦："鲦，音因，似鳊而大鳞，肥美多鲠。或作鲭。"惟《类篇》⑧言："其出有时，故名鲥。"《正韵》⑨言："似鲂肥美，江东四月有之。"然吾闽秋冬间亦有之，则"其出有时"之说，不尽然也。广西梧州亦有之，名"三黎鱼"，又呼"三来鱼"，盖一音之转，其味稍减。此本海鱼，得江水荡涤之，其味愈美，故以出扬子江者为佳。余守荆州，过严州，皆得食之。昔人谓荆州有鲥，主动刀兵，不宜食。余以八月食鲥，次年五月升任去荆，毫无他警，则前说亦不尽然也。此皆右原说中所未及者，故附记之。

【译】我住在扬州时，偶然送给阮云台师两条江里的鲥鱼，云台师亲笔回信答谢，说："这种鲥鱼就是《尔雅》中

① 鲦（jiù）：鲥鱼。

② 鲏（hú）：鲥鱼。

③ 行箧（qiè）：出行随带的箱子。

④ 比部：明、清时期对刑部司官的通称。

⑤ 《韵会》：指元代熊忠所著的《古今韵会举要》。

⑥ 鲠（gěng）：鱼骨。

⑦ 《集韵》：宋代丁度等著的韵书。

⑧ 《类篇》：宋代王洙、胡宿等修撰的《集韵》补编。

⑨ 《正韵》：明代洪武时期乐韶凤、宋濂等奉诏编撰的韵书《洪武正韵》的简称。

说的鳐，也就是鲥，你曾经考证过吗？"我出行随带的箱子里没有书，把考证之事托给黄右原比部，右原写了一篇关于鳐鲥的论文，解释得很详细。按：鲥或者写作"鰣"，通"时"，可见于《韵会》。《尔雅》中说："鳐，当鲥。"注说："是海鱼，与鳊鱼相似，只是鱼鳞要大，肉质肥美，鱼骨较多。"《集韵》中说："鳐，读作囟，与鳊鱼相似，只是鱼鳞要大，肉质肥美，鱼骨较多。或者写作鳝。"只有《类篇》中说："这种鱼出产有一定的时间，所以叫鲥鱼。"《正韵》中说："像鲂鱼一样肥美，江东四月出产。"然而我们福建秋冬间也有，所以"其出有时"的说法，不全对。广西梧州也有，叫"三黎鱼"，又叫"三来鱼"，大概是一音之转，鱼的味稍差。鲥鱼本来是海鱼，得到江水冲洗，味道更鲜美，所以扬子江出产的最好。我在荆州当太守，路过严州，吃到了鲥鱼。以前人说如果荆州有鲥鱼，就会有战祸，不能吃。我在八月吃的鲥鱼，第二年五月升任离开荆州，丝毫没有遇到什么危险。所以前面的说法也不全对。这都是右原解释中没有提及的，所以附记在这里。

少食少睡

今人以饱食安眠为有生乐事，不知多食则气滞，多睡则神昏，养生家所忌也。昔应璩①诗言中叟得寿之由曰："量

---

① 应璩（qú）：三国魏的作家。

腹节所受。"《博物志》^①言："所食愈少，心愈开，年愈益；所食愈多，心愈塞，年愈损。"孙思邈方书^②云："口中言少，心中事少，腹里欲少，自然睡少，以此三少，神仙诀了。"《马总意林》^③引道书云："食得长生腹中清，欲得不死腹无屎。"此皆古人相传养生之诀。而余于今人亦得其证。记在京日，侍戴可亭师，请示却病延年之术，师曰："我督学四川时得疾，似怯症^④。或荐峨眉山道士治之，道士谓与余有缘，能治斯疾。因与对坐五日，教以吐纳^⑤之方，疾顿愈。至今数十年，乃强健胜昔也。"时师年已八十余，风采步履只如六十许人，自言：每日早起，但食精粥一大碗；晡时^⑥，食人乳一茶杯。或传师家畜一乳娘，每隔帐吸乳嗽之，乳尽辄易人。盖已二十余年，师讳而不言也。余偶问曰："此已饱乎？"师大声曰："人须吃饱乎？"又闻黄左田师谈："我直南斋直枢廷，已四十年，每夜早起不以为苦，惟亥子二时得睡即足耳。"在枢廷日，每于黎明视奏折小字，不用灯光，其目力远胜少年人。后师引年归，甫得高卧至日高时始起，而两眼骤昏矣。

---

① 《博物志》：西晋张华撰的笔记小说。

② 方书：医书。

③ 《马总意林》：作者不详，待考。

④ 怯症：虚痨，指体质虚弱。

⑤ 吐纳：呼吸。

⑥ 晡时：傍晚的时候。

【译】现在的人以吃得饱、睡得好为生活中的乐事，不知道吃多了就会体气不畅，睡多了就会神志不清，这是养生家所忌讳的。从前应璩的诗说中了老头得高寿的原因："根据肚量的大小控制饮食。"《博物志》上说："吃的东西越少，心气越开阔，寿命越受益；吃得越多，心气越闭塞，对寿命越有害。"孙思邈的医书中说："嘴巴说的话和心中想的事越少，肚子里吃得少，自然也睡得少，有这三少，就可以做神仙了。"《马总意林》引道家书中的话："要想吃得长寿，肚子里的东西要少；要想不死，肠子里要没有屎。"这都是古人相传的养生秘诀。而我在今人身上也得到了验证。记得我在京师时，常在戴可亭先生左右，曾向他请教防止生病、延长寿命的方法。先生说："我在四川做督学时得了病，好像是虚痨。有人推荐一峨眉山道士给我治病，道士说他与我有缘分，能治我这病。于是我与他面对面静坐了五天，他教给我一种呼吸方法，病一下子就好了。至今几十年了，仍比以前要强健。"当时先生已八十多岁了，走起路来，风采只像六十来岁的人。他说：每天早起，只吃精米粥一大碗；傍晚时，吃一茶杯人奶。有人说先生家里养了一个奶妈，每次都隔着帐子吸奶吃，乳汁吸干了就换一个奶妈，大概已经二十多年了。先生对此讳而不言。我偶尔问他："您这样就饱了吗？"先生大声说："人必须吃饱吗？"又听黄左田先生说："我在南斋枢廷工作，已经四十年每天早起不以为苦，只要晚上九点睡到一点就够了。"他在枢廷的时候，每天黎明看奏折小字，不用灯光，视力比少年人还好得多。后来先生因年纪大退休回家，才得以睡觉到中午再起床，两只眼一下子就昏花了。

豆腐

豆腐，古谓之"菽乳"，相传为淮南王刘安所造，亦莫得其详。又相传朱子不食豆腐，以谓初造豆腐时。用豆若干，水若干，杂料若干，合秤之，共重若干，及造成，往往溢于原秤之数，格其理而不得^①，故不食。今四海^②九州^③，至边外绝域^④，无不有此。凡远客之不服水土者，服此即安。家常日用，至与菽、粟等，故虞道园^⑤有《豆腐三德赞》之制^⑥。惟其烹调之法，则精拙悬殊，有不可以层次计者。宋牧仲《西陂类稿》^⑦中有《恭纪苏抚任内迎銮^⑧盛

① 格其理而不得：推究做豆腐的原理而不明白。

② 四海：古时认为中国四周皆有海，故把中国叫海内，外国叫海外。四海，意同天下。

③ 九州：我国中原上古行政区划。起于春秋、战国时期。泛指全中国。

④ 绝域：极远的地方。这里指边界地区。

⑤ 虞道园：元代学者虞集，字伯生（公元1272—1348年），号道园，人称邵庵先生。四川仁寿人，寓居临川崇仁。官翰林直学士兼国子祭酒。门人编其所著为《道园学古录》五十卷。

⑥ 《豆腐三德赞》之制：指虞道园称赞豆腐三种好处的诗或文。

⑦ 《西陂类稿》：三十九卷。作者宋荦（luò），清代河南商丘人。字牧仲（公元1634—1713年），号漫堂，又号西陂。官至吏部尚书，善诗画。

⑧ 迎銮（luán）：迎接皇帝。皇帝的车驾称"銮驾"。

事》，云："某日，有内臣颁赐食品，并传谕云：'宋荦是老臣，与众巡抚不同，著照将军、总督一样颁赐。'计活羊四支①、糟鸡八支、糟鹿尾八个、糟鹿舌六个、鹿肉干二十四束、鲟鳇鱼干四束、野鸡干一束。并传旨云：'朕有日用豆腐一品，与寻常不同，因巡抚是有年纪的人，可令御厨太监传授与巡抚厨子，为后半世用'等语。"今人率以豆腐为家厨最寒俭之品，且或专属之广文②食不足之家，以为笑柄。讵③知一物之微，直上关万乘④至尊⑤之注意，且恐封疆⑥元老不谙烹制之法，而郑重以将之如此。惜此法不传于外。记余掌教南浦书院⑦时，有广文刘印潭学帅瑞菽之门斗⑧作豆腐极佳，不但甲于浦城，即他处极讲烹饪者，皆未能出其右。余尝晨至学署，坐索早餐，即咄嗟⑨立办，然再三询访，不能得其下手之方。闻此人今尚在，已笃老⑩矣。又余在山东

---

① 支：同"只"。

② 广文：唐玄宗时创设广文馆，设博士官，当时被看作清苦闲散的教职。明、清两代的儒学教官，处境与广文馆博士相似，因而也被用作别称。

③ 讵（jù）：岂，怎。

④ 万乘：指帝位。周制，王畿（jī）方千里，能出兵车万乘。

⑤ 至尊：至高无上的地位。指皇帝。

⑥ 封疆：明、清两代称总督、巡抚等为封疆大吏、封疆大臣。

⑦ 南浦书院：浦城县南门外的地方书院。

⑧ 门斗：官学中的仆役，门子和斗级的合称。

⑨ 咄嗟：一呼一诺之间、一霎间。

⑩ 笃（dǔ）老：衰老已甚。

臬^①任，公暇与龚季思学政^②（守正）、纳近堂藩伯（讷尔经额）、恩朴菴运使^③（恩特亨额）、钟云亭太守（钟祥）同饮于大明湖之薛荔馆，时侯理亭太守燮堂为历城令，亦在座，供馔即其所办也。食半，忽各进一小碟，每碟二方块，食之甚佳，众皆愕然，不辨为何物。理亭曰："此豆腐耳。"方拟于饤饾会，次第仿其法，而余旋升任以去。匆匆忘之。此后此味则遂如《广陵散》，杳不可追矣。因思口腹细故，往往过而即忘，而偶一触及，则馋涎辄不可耐。近年侨居蒲城，间遇觥客，必极力讲求此味，同人尚疑其有秘传也。

【译】豆腐，古代叫"菽乳"，传说是西汉初淮南王刘安的发明创造，但是详细情况至今不清楚。又传说朱熹不吃豆腐，他认为豆腐在制造时，用豆多少、水多少、杂料多少，共重多少，到豆腐做出来了，往往超出原来共重的数量，从理论上推不出道理来，所以不吃。现在全国各地以及边远地区，都有豆腐。凡远方旅客不服水土的，吃了豆腐就好了。在日常生活中，它与粮食同等重要。所以虞道园曾写了《豆腐三德赞》。只是豆腐的烹调方法，技术优劣相差很多，有差的无法列入层次的。宋牧仲的《西陂类稿》中有《恭纪苏抚任内迎銮盛事》说："某日，皇帝的宫内大臣，奉旨赏赐食品，并传达了皇帝的谕旨说：'宋荦是老臣，他与一般的巡抚不

---

① 臬（niè）：臬司，明、清两代提刑按察司，主管一省司法，也借称廉访使或按察使。

② 学政：清代提督学政的简称。

③ 运使：清代漕运官。

同，应当照将军、总督这样的级别赏赐。'计有活羊四只、糟鸡八只、糟鹿尾八个、糟鹿舌六个、鹿肉干二十四捆、鲟鳇鱼干四捆、野鸡干一捆。并且传下圣旨说：'朕有日常吃的豆腐一种，与普通的不一样，因为宋巡抚是年岁大的人，可以命御厨太监把制作方法传授给巡抚厨师，给他后半生享用'等话。"现在一般人多认为豆腐是家常低级食品，也是贫寒人家吃的东西，如果吃豆腐就会被人笑话。岂不知就是这小小的东西，竟被至尊的皇帝所注意，还怕老臣家里不会烹制，因此郑重地传授给他。可惜的是那制法没有传到外面。回想我在南浦书院负责时，儒学教官刘印潭的听差所做的豆腐非常好，不仅在浦城数第一，就是其他地方讲究烹调的，也比不上。我曾早晨到学署等吃早饭，他很快就做好，虽问过几回，但没有得到烹制的方法。听说此人现在还健在，已经很老了。还有我在山东臬台任内，与公余同龚季思学政、纳近堂藩伯、恩朴菴运使、钟云亭太守一起在济南大明湖的薛荔馆饮酒，当时侯理亭太守兼做历城县令，也在座，此次酒宴就是他操办的。吃到一半时，忽然给每人送上一小碟，碟内各有两方块食品，吃了感觉味道极美。大家都很惊异，认不出吃的是什么东西。侯理亭说："那是豆腐罢了。"在座的人就打算在不久举办的饤馆会上，接着仿制这种做法。可是我很快升任到另一个地方去了，日后也就在政务匆忙中忘了这事。以后这道菜就像《广陵散》乐曲一样成为绝响，再也找不到了。我想这总不过是吃喝小事，也就不放在心上，偶尔碰上一回豆腐，总是馋得不行。近几年在浦城侨居，偶遇宴客，总尽力将豆腐烹制好，吃过的人总觉得有什么秘传似的。

厨子

徐兴公《榕阴新检》中载：吾乡曹能始先生（学佺）与二友同上公车①，惟先生携一仆，凡途中饮馔之事，皆先生主之。仆善烹饪，二友食而甘之，而微嫌其费，颇有烦言②。一日，仆请先生与二友分爨③，曰："我实不能伺候三人。"先生不肯，仆即请去。先生曰："我实不能以仆故而开罪于友人。"听之。临行，请曰："我即当回闽，但乞一信带呈家中人，俾知并非负咎④被逐耳。"与之信。时方行到苏州，比先生到京，而此仆早已抵闽，盖即苏州发信之次日也。家中人诘其故，曰："我实天上天厨星也，吾家主人乃天上仙官，我应给其任使。彼二客者，何福以当之。"语毕，遂不知所之。闻此二客后亦各享大年，盖月余日饱饫天厨之效云。按袁简斋《续齐谐》中亦载曹能始先生饮馔极

---

① 公车：官车。汉代曾用公家车马接送应举的人，后来便以"公车"作为举人入京应试的代称。

② 颇有烦言：说了不少不满意的话。

③ 分爨（cuàn）：分开各自开伙。爨，烧火做饭。

④ 负咎：犯了错误。

精，厨人董桃媚者尤善烹调，先生宴客，非董侍则不欢。先生同年某，督学蜀中，乏作馔者，乞董偕行，先生许之。遣董，董不往，怒逐之。董跪而言曰："桃媚，天厨星也。因公本仙官，故来奉侍。督学凡人，岂能享天厨之福乎？"言毕，升堂①向西去，良久不见。二书所载各异，而皆属之能始先生。且徐兴公与先生同时人，见闻尤近，必非无因矣。余家有陈东标者，颇能烹调，辄以此夸于众，众因戏呼之为天厨星，实则庸手而已。余于能始先生，无能为役，则陈东标之于董桃媚，又岂止仙凡之判哉！

【译】徐兴公的《榕阴新检》中记载：我的同乡曹能始先生与两个朋友一同进京参加科举考试，只有曹先生带了一个仆人，旅途中所吃的菜肴，全由曹先生做主。这位仆人精于烹调，同行的两位朋友，都觉得吃得很好。可是，又嫌花钱多，因此说了些不满意的话。一天，仆人请曹先生与他的朋友分开吃，说："我实在不能伺候三个人。"曹先生不肯，仆人就请求辞职。曹先生说："我实在不能因为仆人而得罪了朋友。"就答应他辞去。仆人临走前，又向先生请求说："我立即回福建，只求给我写一封信带给家里人，好让家人知道我并不是因为犯了错误被辞退的。"曹先生就依照他的要求给他写了信。这是途中经过苏州时的事，等到先生到了京师，这位仆人早已到了福建，他到福建的时间，正是从苏州发信

---

① 升堂：升堂入室。

的第二天。仆人的家里人问他原因，他说："我本是天上的天厨星，我家主人也是天上仙官，我应当让他任意使唤，那两位客人，有什么福分来享受。"说完就不知到哪里去了。听说那两位客人后来也都高寿，大概是吃了一个多月天厨星做的饭吧。据袁枚在《续齐谐》中也记载了曹能始先生对日常饮馔非常讲究，他家中的厨师董桃媚，更是烹调好手，曹每次宴请客人，如果没有董桃媚做的菜肴，他就不高兴。曹先生的一位科举同年好友，去四川做督学，没有厨师随行，向曹先生要求带董桃媚去，曹先生答应了，派董去，董不肯去。因此，曹恼怒了，要把董赶走。董跪在地上说："桃媚是天厨星，因为您本是仙官，所以来伺候您，督学是普通人，哪儿能享受天厨星做饭菜的福气呢？"说完到堂屋向西而去，再也见不到了。两本书所记载的并不一样，但全说的是曹能始先生，并且徐兴公与先生是同时期的人，听到和见到的较为接近，记载的事必定不会没有根据。我家有厨师陈东标，也精于烹调，我常以他手艺好向别人夸他，众人也因而戏称他是天厨星，其实他只是平常手艺罢了。我与曹能始先生无法相比，而陈东标比董桃媚又差远了，这哪里是仙人与凡人的区别呢！